国家一流专业建设规划教材
中国地质大学(武汉)实验教学系列教材

海洋沉积学实习指导书
HAIYANG CHENJIXUE SHIXI ZHIDAOSHU

王龙樟　主　编
上官云飞　肖　军　副主编

图书在版编目(CIP)数据

海洋沉积学实习指导书 / 王龙樟主编. —武汉：中国地质大学出版社，2025.7. —ISBN 978-7-5625-6232-0

Ⅰ. P736.21

中国国家版本馆 CIP 数据核字第 2025HB5478 号

海洋沉积学实习指导书	王龙樟 主　编
	上官云飞　肖　军 副主编

责任编辑：唐然坤	选题策划：唐然坤	责任校对：徐蕾蕾

出版发行：中国地质大学出版社(武汉市洪山区鲁磨路 388 号)	邮编：430074
电　　话：(027)67883511　　传　　真：(027)67883580	E-mail:cbb@cug.edu.cn
经　　销：全国新华书店	https://cugp.cug.edu.cn

开本：787mm×1092mm　1/16	字数：167 千字　印张：6.5
版次：2025 年 7 月第 1 版	印次：2025 年 7 月第 1 次印刷
印刷：武汉中远印务有限公司	
ISBN 978-7-5625-6232-0	定价：22.00 元

如有印装质量问题请与印刷厂联系调换

前　言

海洋沉积学（marine sedimentology）是海洋地质学的重要分支，是海洋学和沉积学之间的边缘学科。海洋沉积学是研究现代海底沉积物（及沉积岩）组分、结构、分布规律、岩相、形成作用及形成机理的科学。本教材是为了引导学生掌握海洋沉积学的研究和工作方法，运用"海洋沉积学"课程的知识从事海洋科学与工程方面的研究与工作而编写的。

本教材重点介绍了海洋沉积学室内工作方法，主要内容包括沉积物宏观和微观的识别、描述、分析方法以及区域沉积规律的研究方法，特别是对编图方法进行了专门练习。海上作业的实习主要涉及海上调查仪器和调查方法，在"海洋调查方法与矿产资源"等相关课程的实习中完成，故不在本教材中体现，两者相辅相成，互为补充。

本教材是笔者团队在"海洋沉积学"课程多年教学实践的基础上，结合与课程配套的室内实践经验，通过总结多年油气地质和海洋地质的科研项目，编写的一套与课程教学相适应的实习教材。

本教材分三部分：第一部分是沉积物特征，包括沉积物的结构和构造，而粒度分析是沉积物结构分析的重要内容，着重进行单独练习；第二部分是沉积学编图，编图是分析沉积物（及沉积岩）纵向和横向变化的重要手段，是对点线面上的沉积作用进行表征的重要方法，因此分别从单井相、沉积剖面和平面变化3个方面进行练习；第三部分是沉积环境分析，除了利用上述的沉积物特征（相标志）和沉积学编图（纵向和横向变化）方法以外，还要结合地震反射资料和测井资料等物探资料相互印证，如果可能的话还要综合利用地球化学资料才能对沉积环境和沉积体系做出比较准确的判断，从而获得对古地理和古环境的认识。

本教材由王龙樟、上官云飞、肖军编写，具体分工为：第一部分由王龙樟编写；第二部分由上官云飞编写；第三部分由王龙樟、肖军编写；全文由王龙樟统稿。

本教材可供海洋科学、海洋技术与工程以及沉积学（含沉积岩石学）相关专业使用。

笔　者

2025 年 4 月 8 日

目 录

第一部分 沉积物特征 ……………………………………………………………… (1)

    第一章 粒度分析 ……………………………………………………………………… (2)
        实习一 筛析粒度分析 ……………………………………………………………… (10)
        实习二 薄片粒度分析 ……………………………………………………………… (12)
        实习三 激光粒度分析 ……………………………………………………………… (15)
    第二章 沉积物的结构 ………………………………………………………………… (18)
        实习四 沉积物的结构 ……………………………………………………………… (21)
    第三章 沉积物的构造 ………………………………………………………………… (23)
        实习五 岩石的沉积构造 …………………………………………………………… (26)
        实习六 现代沉积物的沉积构造 …………………………………………………… (27)

第二部分 沉积学编图 …………………………………………………………… (31)

    第四章 单井相分析 …………………………………………………………………… (33)
        实习七 单井相图的编制 …………………………………………………………… (36)
    第五章 沉积剖面分析 ………………………………………………………………… (43)
        实习八 沉积断面图的编制 ………………………………………………………… (46)
    第六章 各沉积要素的平面分析 ……………………………………………………… (54)
        实习九 等值线图的编制 …………………………………………………………… (59)

第三部分 沉积环境分析 ………………………………………………………… (65)

    第七章 沉积相分析 …………………………………………………………………… (66)
        实习十 沉积相分析(古环境分析) ………………………………………………… (73)
        实习十一 沉积相分析(现代环境分析) …………………………………………… (77)
    第八章 沉积体系分析 ………………………………………………………………… (81)
        实习十二 沉积体系分析 …………………………………………………………… (89)

参考文献 ……………………………………………………………………………… (93)
附 录 ………………………………………………………………………………… (95)

附录一　Φ值粒级划分表 …………………………………………………（95）
附录二　样品筛析记录表 …………………………………………………（96）
附录三　岩心描述记录格式 ………………………………………………（96）
附录四　单井相分析图样式 ………………………………………………（97）
附录五　沉积学常用图例 …………………………………………………（98）

第一部分

沉积物特征

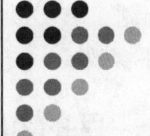

沉积物(sediment)为任何可以由流体流动移动的微粒,并最终成为在水或其他流体底下的一层固体微粒。沉积物经埋藏和固结成岩作用形成沉积岩。通过对沉积物及沉积岩特征的研究,来了解沉积物(或沉积岩)形成的物理化学条件,即沉积环境,从而探讨沉积物(或沉积岩)的成因。沉积物(或沉积岩)特征主要包括沉积物(或沉积岩)的颜色、成分、结构、沉积构造,以及沉积体的形态和展布。由于沉积体的形态和展布要通过编图完成,本书在第二部分重点单独练习。

第一章 粒度分析

碎屑颗粒的大小称为粒度。粒度是以颗粒直径(一般以长径或中径)来度量的。粒度是碎屑岩进一步分类的依据,又是粒度测量、成因分析的主要对象,故粒度是碎屑岩很重要的一个特征参数。

一、目的和意义

粒度分析主要研究碎屑沉积物的结构特征,其中主要包括粒度大小和各级粒级的分布状况,为沉积环境分析提供依据。它可以提供如下资料:①明确搬运介质的性质,如风、水流、冰川、泥石流等;②判断搬运介质的能量条件;③明确搬运方式,如滚动、跳跃、悬浮等;④明确沉积作用的形式,如牵引流、重力流等。

二、粒度的测量方法

粒度的测量方法是根据研究对象的不同采用不同的方法:对易于分解离开的碎屑沉积,通常采用筛析法和沉速法;对固结较紧且不易解离的碎屑沉积,通常采用薄片鉴定法;对粗大的砾石,通常采用直接测量法;对于极其细小的沉积物,则采用激光粒度法。

(1)直接测量法:一般用于砾石或砾岩。

(2)薄片粒度法:一般用于胶结致密的岩石,在显微镜下用测微尺测量颗粒的最大视直径,再求分组颗粒百分数,最后换算成质量百分数。

(3)筛析法:用于未固结或胶结差的含砾砂岩到粉砂岩,用不同筛孔直径的筛子将砂样过筛→称重→计算质量百分数。

(4)激光粒度分析:用于细颗粒沉积物的粒度分析,沉积物的颗粒大小一般为粉砂和黏土的松散沉积物。该方法在海洋沉积分析中被广泛使用。

三、粒度曲线和粒度参数

粒度分布是指用特定的仪器和方法反映出沉积物样品中不同粒径颗粒占颗粒总量的百分数。用不同方法来反映不同的粒度分布，获得不同的粒度曲线及不同的粒度参数，这些参数可用来解释沉积物（岩）所处的沉积环境。

1. 直方图

横坐标代表颗粒的粒径区间，纵坐标代表各粒级的质量百分数（图 1-1）。

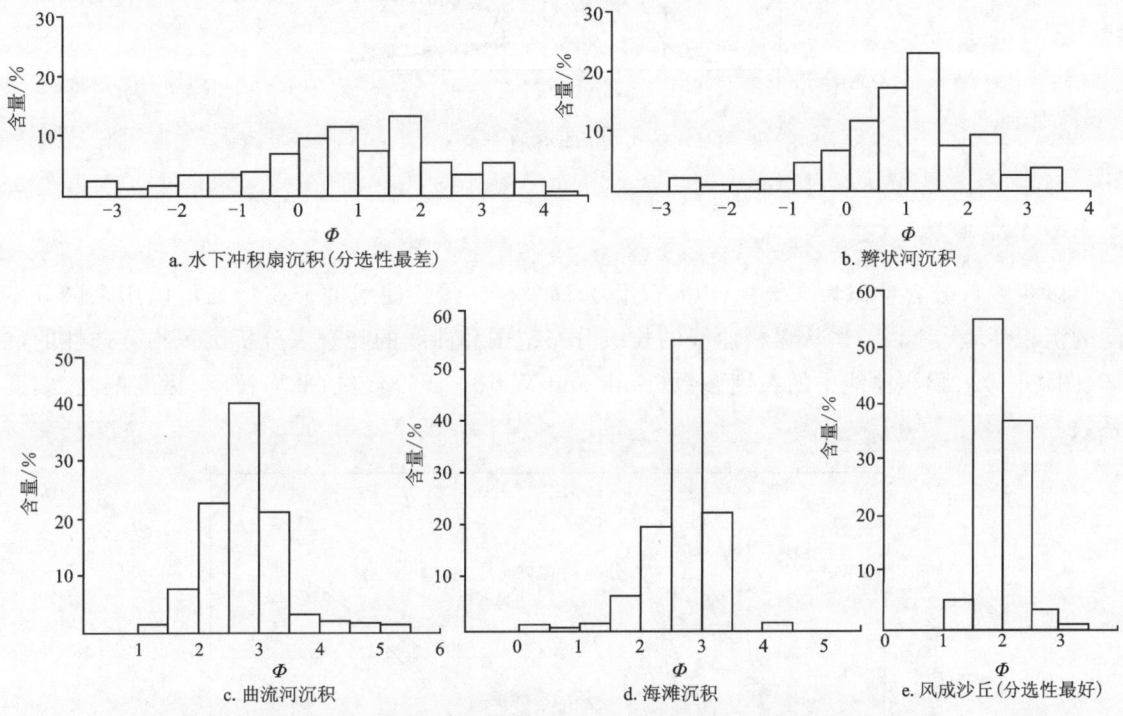

图 1-1　几种不同沉积环境砂（岩）样的直方图（据郑浚茂，1982）

通常，选用的粒度参数是 Φ 值，其与颗粒的直径 d 值（mm）关系式为

$$\Phi = -\log_2 d \tag{1-1}$$

Φ 值粒级划分详见附录一。

直方图的缺点在于其受粒径间隔的选择等人为因素的影响。

2. 频率曲线

将直方图的每个直条的纵、横中点依次连成光滑曲线，如将图 1-1 中粒径区间划分得很细，甚至趋近于零，则直条变得无限细密，多边形曲线接近于或者等于一条光滑曲线，此即为频率曲线（图 1-2）。

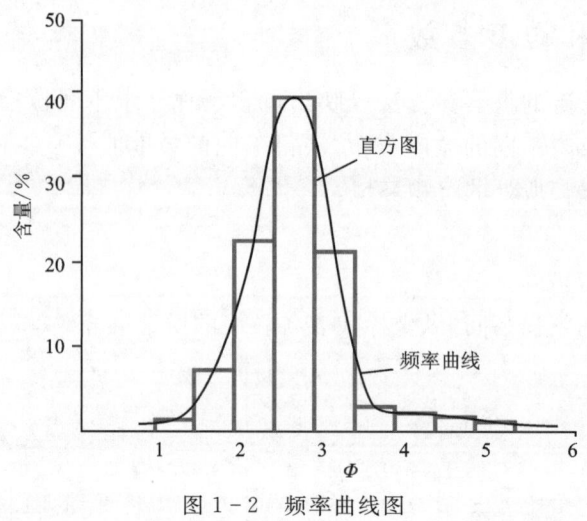

图1-2 频率曲线图

3.累积曲线

以累积百分含量作为纵坐标,以粒径作为横坐标。累积曲线的形态特征可以用来区分不同的沉积环境(图1-3),从累积曲线的粒级分布范围和曲线的陡缓来分析沉积物分选性的好坏(图1-4)。累积曲线中的粒度参数(Folk and Ward,1957)包括平均粒度、标准偏差、偏度系数。

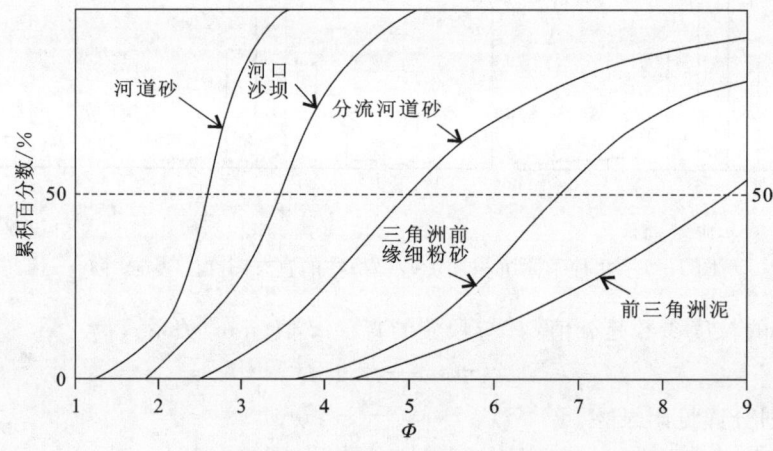

图1-3 长江三角洲现代沉积各亚环境沉积物的累积曲线图

(据孙永传和李蕙生,1986)

(1)平均粒度(M_z):反映搬运介质的平均动能。

$$M_z = (\Phi_{16} + \Phi_{50} + \Phi_{84})/3 \tag{1-2}$$

(2)标准偏差(δ_i):反映沉积物的分选程度,即颗粒的分散和集中程度。

$$\delta_i = (\Phi_{84} - \Phi_{16})/4 + (\Phi_{95} - \Phi_5)/6.6 \tag{1-3}$$

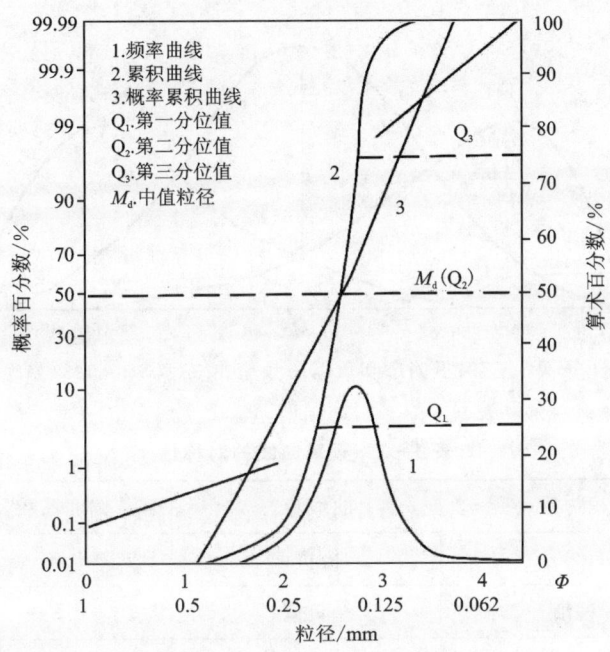

图1-4 3种常见的粒度分布曲线类型(据赖内克和辛格,1979)

根据对大量不同环境采集的样品计算 δ_i 值大小后,Folk将沉积物的分选程度分为7级,δ_i 值越小,沉积物的分选越好(表1-1)。

表1-1 用标准偏差反映沉积物分选程度

分选程度	标准偏差(δ_i)
极好	<0.35
好	0.35~0.50
较好	0.50~0.70
中等	0.70~1
较差	1~2
很差	2~4
极差	>4

(3)偏度系数(S_K):表示频率曲线的对称性,即正态、正偏态、负偏态(图1-5)。

$$S_K = (\Phi_{16}+\Phi_{84}-2\Phi_{50})/2(\Phi_{84}-\Phi_{16})+(\Phi_5+\Phi_{95}-2\Phi_{50})/2(\Phi_{95}-\Phi_5) \quad (1-4)$$

Folk和Ward(1957)将频率曲线对称性划分为:S_K 接近于0时为对称曲线;大于0时为正偏态,表示沉积物偏粗;小于0时为负偏态,表示沉积物偏细(表1-2)。

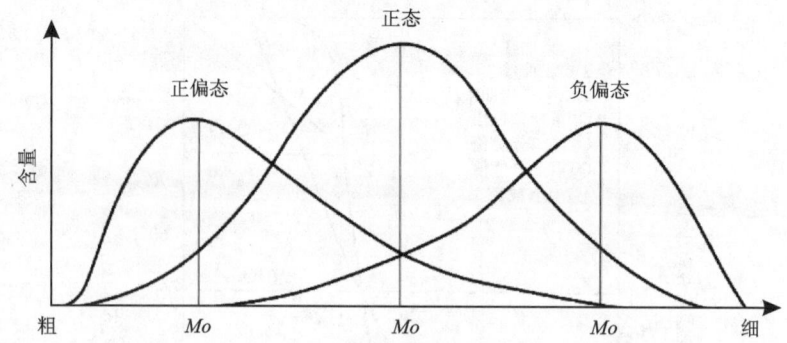

图 1-5 正态、正偏态和负偏态频率曲线(据 Selly,1982 修改)

表 1-2 频率曲线的对称性

沉积物特点	曲线形态	偏度系数(S_K)
细	极负偏	$-1.0\sim-0.3$
偏细	负偏	$-0.3\sim-0.1$
适中	近对称	$-0.1\sim0.1$
偏粗	正偏	$0.1\sim0.3$
粗	极正偏	$0.3\sim1$

(4)峰态或尖度(K_G):表示正态频率曲线的尖锐程度,可用来反映分选性(图 1-6)。

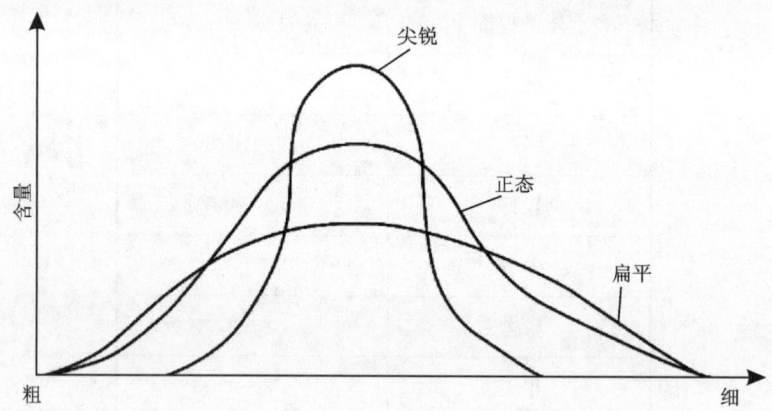

图 1-6 与正态曲线相比的尖锐和扁平两种峰态(据 Selly,1982)

$$K_G = (\Phi_{95} - \Phi_5) / 2.44(\Phi_{75} - \Phi_{25}) \qquad (1-5)$$

按 Folk 和 Ward(1957)公式计算峰态大小,数值越大说明曲线越尖锐,当 $K_G=1.0$ 时,为正态曲线(表 1-3)。

表 1-3 正态频率曲线的尖锐程度(据 Folk and Ward,1957)

分选性	峰态级别	峰态值(K_G)
极差	很宽	< 0.67
差	宽	0.67~0.90
中等	中等(近于正态)	0.90~1.11
较好	窄	1.11~1.50
好	很窄	1.50~3.00
极好	极窄	> 3.00

4. 概率累积曲线

概率累积曲线是在正态概率纸上绘制的，横坐标为粒径，纵坐标为累积百分数，并以概率标度。概率坐标不是等间距的，而是以50%处为对称中心，上、下两端相应地逐渐加大，这样可以将粗、细尾部放大，并清楚地表现出来。

概率累积曲线中碎屑沉积物的粒度不呈简单的对数正态分布，而是由几个呈对数正态分布的次总体组成。一般包含有3个次总体，在概率图上表现为3个直线段，分别代表了3种基本的搬运方式，即悬浮搬运、跳跃搬运和滚动搬运(图1-7)。

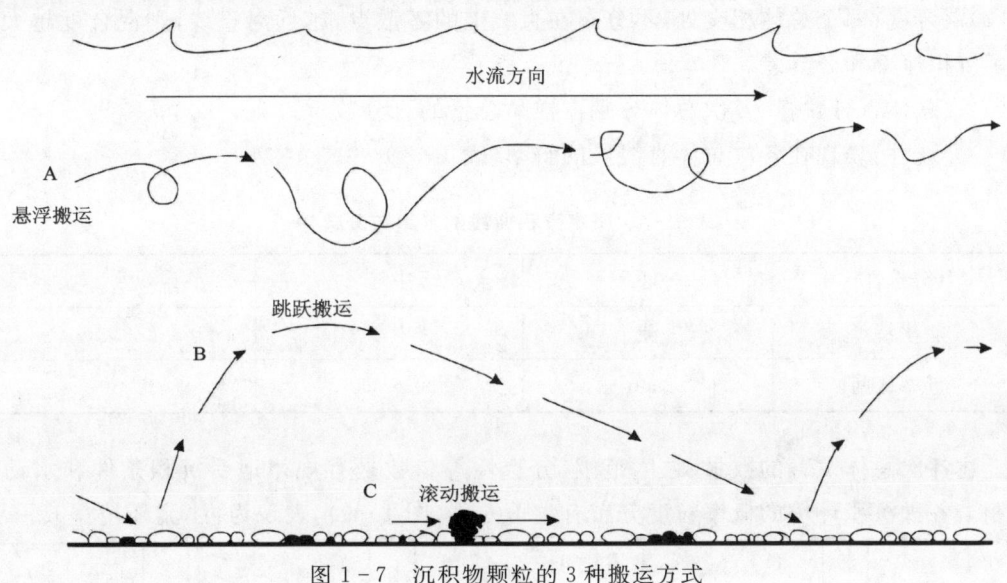

图 1-7 沉积物颗粒的3种搬运方式

概率累积曲线上的结构参数(图1-8)如下。

(1)截点：S截点(细截点)表示能悬浮的最粗颗粒的粒径，T截点(粗截点)表示能跳跃的最粗颗粒的粒径。

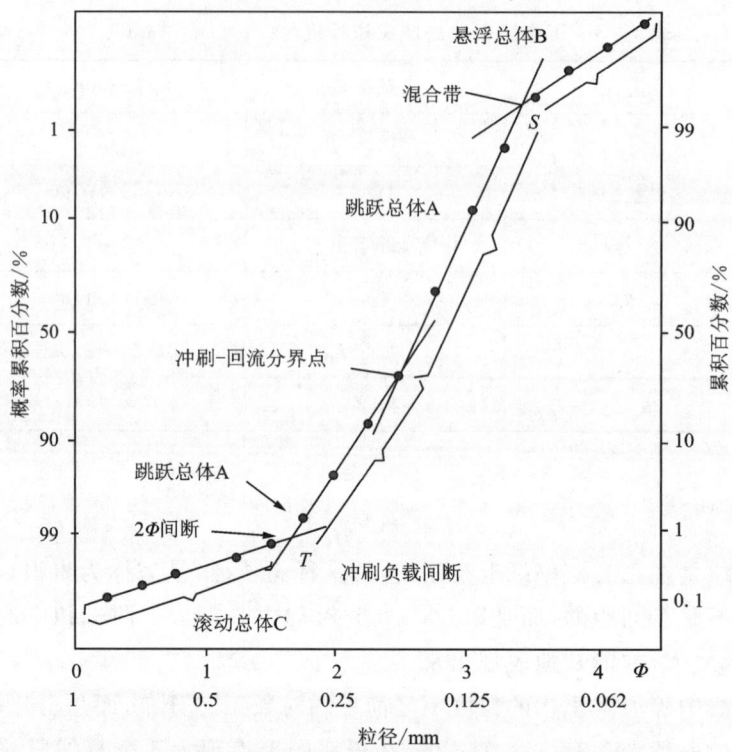

图1-8 概率累积曲线及粒度分布中的总体(据Visher,1969)

(2)混合度:两个总体相交处,不分布在直线上的零散点,越远离直线,则混合度越大。其反映了沉积速率和分异差。

(3)次总体百分含量:各次总体分别占样品总量的百分数。

(4)分选性:表现在各次总体直线段的斜率(表1-4)。

表1-4 概率累积曲线的斜率与分选性

分选性	好	中等	差
斜率特点	陡	中等	平缓
斜率区间	>60°	30°~60°	<30°

上述各次总体发育的数量、粒度范围、分选性等参数是有规律地受沉积条件和水动力条件控制。各种沉积环境的概率粒度分布有显著差别(图1-9),表现为:浊流环境呈现一条平

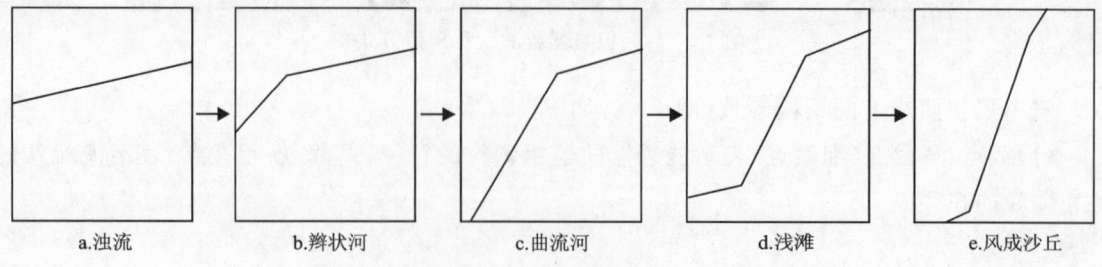

图1-9 不同沉积环境的粒度概率图(据郑浚茂等,1980)

缓的直线;辫状河一般由滚动总体和跳跃总体组成,而且也比较平缓;曲流河则由跳跃总体和悬浮总体组成,跳跃总体斜率较大;浅滩由滚动总体、跳跃总体和悬浮总体组成,跳跃总体更加陡立;风成沙丘以跳跃总体为主,且是最陡立的,另外两个总体可有可无,且所占比例不大。

5. $C-M$ 图

$C-M$ 图是 Passega(1957)提出的综合性成因图解(图1-10),从一套同成因层序的最粗到最细的各种代表性岩性中采样→筛析→作累积曲线→分别求 C、M 值→在双对数坐标上投影→绘图。C 为含量 1% 处的粒径,M 为含量 50% 处的粒径,单位都是 μm(即 1/1000mm)。

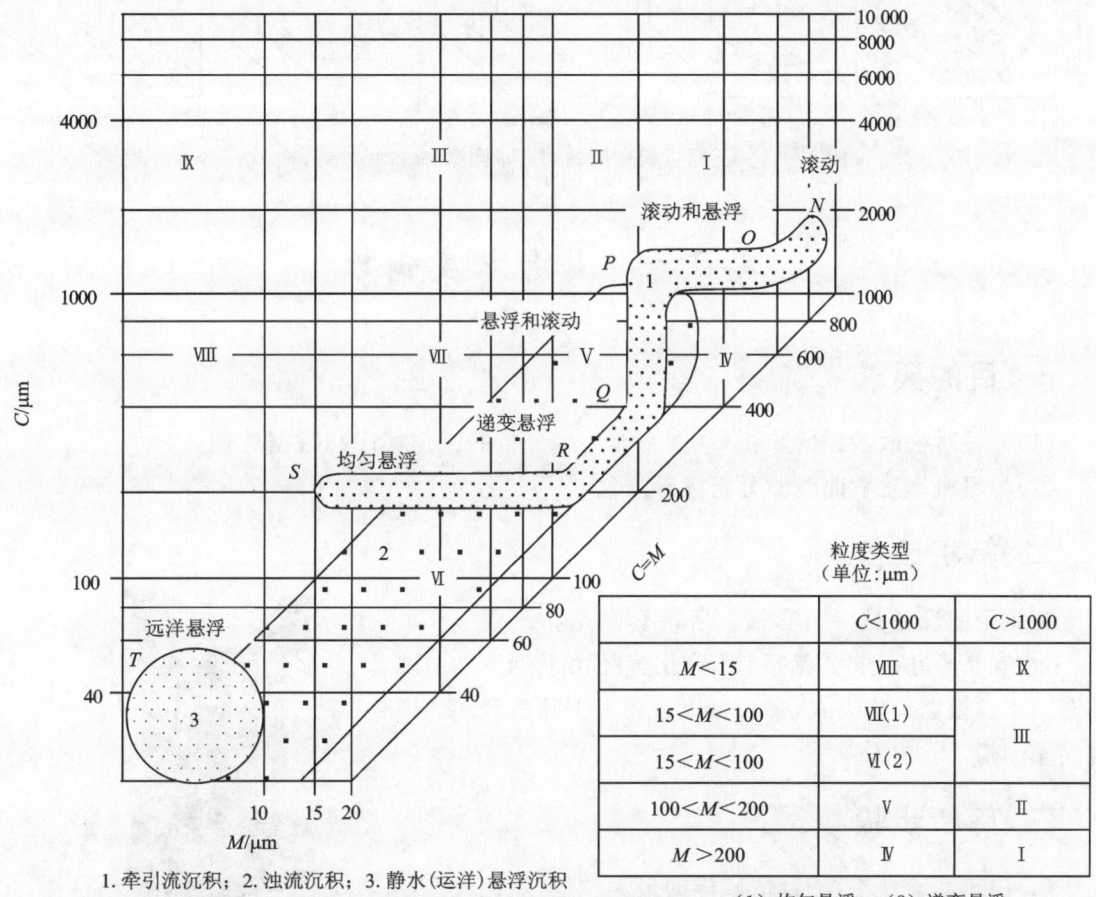

1. 牵引流沉积; 2. 浊流沉积; 3. 静水(运洋)悬浮沉积

(1) 均匀悬浮; (2) 递变悬浮

图 1-10　浊流和牵引流沉积的 $C-M$ 图(据 Passega,1957 简化)

一个牵引流沉积的典型 $C-M$ 图可以细分为 5 个特征段。

(1) NO 段:滚动搬运。
(2) OP 段:仍以滚动搬运为主,但有极少量悬浮搬运。
(3) PQ 段:以悬浮搬运为主,少量滚动搬运颗粒。
(4) QR 段:代表递变悬浮搬运。
(5) RS 段:均匀悬浮搬运。

C-M 图的水动力条件有以下特点(图 1-11):①利用牵引流 C-M 图的各个拐点的粒度值,可分析水流强弱;②浊流 C-M 图为大致与 $C=M$ 平行的长条图形,C/M 值越大,分选性越差,C-M 图距 $C=M$ 基线越远,相反,分选性越好(图 1-11a)。

图 1-11 从 b 到 e 的变化表现为:PQ 段由主要变为次要,最后消失;QR 段粒度区间由小变大;RS 段从无到占主要位置。这反映了水流由急变缓,其搬运方式从以滚动和跳跃为主变为以跳跃和悬浮为主。

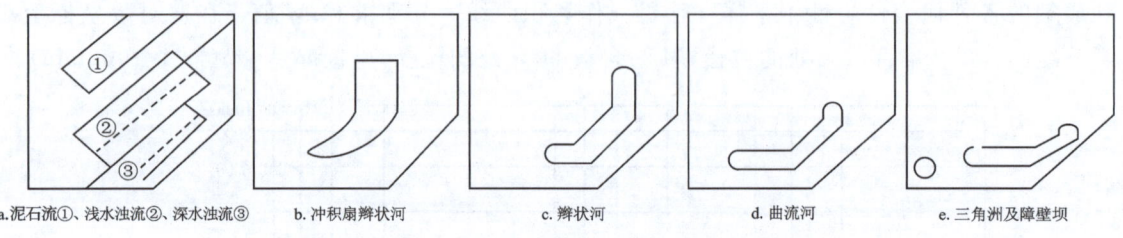

a. 泥石流①、浅水浊流②、深水浊流③ 　b. 冲积扇辫状河　　c. 辫状河　　d. 曲流河　　e. 三角洲及障壁坝

图 1-11　不同沉积环境的 C-M 图型(据郑浚茂等,1980)

实习一　筛析粒度分析

一、目的要求

(1)通过对松散砂样的筛析,掌握一般粒度分析的工作程序和数据处理。
(2)学习概率累积曲线的分析解释方法。

二、筛析设备

筛析用的设备是一组套筛。所谓套筛是指一组上、下相互套叠在一起的筛子,其筛孔直径由上到下逐渐减小。根据操作方式,套筛可以分为人工筛析和电动振动筛(图 1-12)。

图 1-12　电动振动筛

三、筛析步骤

(1)决定套筛规格:先目估砂样的最大粒径,取比最大粒径更粗一级的筛子用手试筛,如全部砂样均可筛下,即以此筛作顶筛。如有部分砂粒不能筛下,可换更粗一级的筛子再试筛,选取顶筛。往下按 0.25Φ~0.5Φ 的间距将套筛配齐。底筛孔径可用 4Φ,过细容易堵塞,干筛效果很差。

(2)检查安装套筛:所选套筛不能有破损、筛孔变形或被堵的情况,也不能有碎渣、杂物残留。全套筛子按上粗下细的顺序套叠在一起,筛底加上托盘。

(3)取样过筛:为减少人为因素的影响,用缩分器将砂样缩分到 50g 左右,称其总质量

G(精确到 0.01g),做好记录;然后,将砂样倒入顶筛,加盖;最后,将套筛置于振筛机上振动 10min。

(4)分级称量:将筛分好的砂样分级取出,称其质量 W_i(精确到 0.01g),做好粒级及质量记录。

(5)计算并核查:计算各粒级的质量百分数 X_i,计算公式为

$$X_i = W_i/G \times 100\% \tag{1-6}$$

(6)再从粗到细计算各级累积百分数,全部粒级的累积百分数应为 100%,不足或超过 100%的部分应按各粒级质量百分数进行分配。

四、数据处理

数据处理方法有计算法、图算法和作图法。计算法是用数理统计原理进行纯数学计算,使用较少,故不再详细介绍。

(1)图算法:先绘制累积频率曲线,然后在曲线上量取所需特征数 x 值,最后用这些特征数计算粒度参数。

(2)作图法:将统计数据做成图件直接反映粒度分布及其相应沉积环境的水动力特征。

下面介绍概率图的绘制方法:在正态概率纸上按值和累积频率百分数标定各粒级相应的点。处在一条直线上的各点可用直线连接,一条直线一般要求有 4 个以上的点,如果套筛间距过大,也可能只有 3 个点(图 1-8)。

五、概率图的分析、解释和应用

不同水动力条件下的碎屑沉积,其概率曲线的图形特征各不相同,可以从以下几个方面进行描述:①各正态总体的发育组合情况和相对百分数,是否缺失;②各正态总体与横坐标轴的夹角大小,它是该总体分选性的函数;③截点位置,即截点对应的粒径值,由此可进一步确定不同总体的粒径范围;④不同总体间有无过渡带或混合度,以及过渡带类型、混合度大小,过渡带和混合度的形成一般是两种搬运方式叠加的结果。

若沉积环境已知,可通过概率图分析揭示其中沉积物的搬运方式、分选程度和其他水动力特征;若沉积环境未知,可通过与已知环境条件的概率图进行对比,为环境解释提供证据。

六、实习报告

(1)根据筛析步骤对松散砂样进行筛析,记录并计算累积百分数(表 1-5),样品筛析记录表见附录二。

(2)绘制概率累积曲线图。

(3)分析概率累积曲线上的结构参数:①截点;②混合度;③次总体的百分含量;④分选性。

(4)对照文献中的概率图初步判断沉积环境,并根据结构参数阐明判断的主要依据。

表 1-5 筛析记录表格和计算

颗粒直径		质量/g	质量百分数/%	累积百分数/%
d/mm	Φ 值			
>1	>0	2.12	0.53	0.53
1~0.75	0~0.4	7.72	1.93	2.46
0.75~0.60	0.4~0.72	61.18	15.29 ⎫ 29.51	17.75
0.60~0.50	0.72~1.0	49.18	12.29 ⎭	30.04
0.50~0.43	1.0~1.2	35.52	8.88	38.92
0.43~0.40	1.2~1.3	40.72	10.18 ⎫	49.10
0.40~0.30	1.3~1.75	83.02	20.75 ⎬ 43.25	69.85
0.30~0.25	1.75~2.0	13.78	3.44 ⎭	73.29
0.25~0.20	2.0~2.32	79.18	19.79 ⎫	93.08
0.20~0.15	2.32~2.72	23.73	5.93 ⎬ 26.24	99.01
0.15~0.12	2.72~3.0	2.10	0.52 ⎭	99.53
0.12~0.10	3.0~3.3	0.58	0.15 ⎫	99.68
0.10~0.09	3.3~3.5	0.24	0.06 ⎪	99.74
0.09~0.075	3.5~3.75	0.30	0.08 ⎬ 0.36	99.82
0.075~0.06	3.75~4.0	0.28	0.07 ⎭	99.89
<0.06	>4.0	0.82	0.11	100.00

实习二　薄片粒度分析

一、基本方法

对于固结紧密难以松散甚至无法松散的砂岩或粉砂岩不能采用筛析法或激光粒度分析法，只能利用岩石薄片进行粒度分析。薄片粒度分析测得的是一定粒度的颗粒数百分数，而不是各粒级组分的质量百分数，因此它属于粒算法。

值得注意的是，岩石的切片不可能刚好通过碎屑颗粒的中心。球形颗粒的研究结果表明，由任意切面实测资料计算得出的平均直径，只是球体直径的 76.3%。从不等大颗粒堆积体任意切面看，大颗粒比小颗粒有更多被切穿的机会，而实际情况更加复杂，这就要求对薄片的测量粒度数据进行校正。校正的方法可以从颗粒分布的矩值与切面粒度分布矩值之间的数学关系中得到。

在薄片粒度分析中，常用的抽样方法有 3 种，即点计法、带计法和线计法（图 1-13）。以点计法为例，它使用网格目镜观察，凡网格交点碰到的颗粒均测定粒径，并统计数量，这样对一个样品总共统计 300~500 个颗粒。所得结果经过校正和换算，便可求出各粒级颗粒的质量百分比。

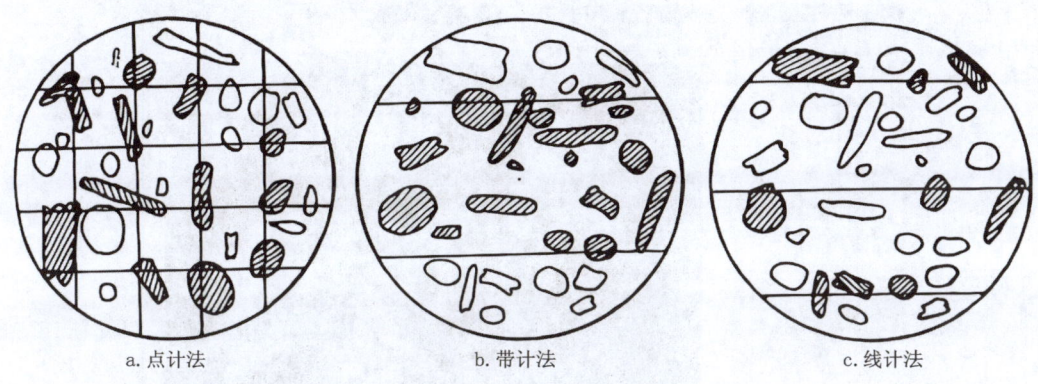

a. 点计法　　　　　　　b. 带计法　　　　　　　c. 线计法

图 1-13　不同抽样方法

二、图像分析系统简介

四川大学开发的图像分析系统包含薄片粒度分析项目。该软件实现了粒度分析的自动化或人工干预的自动化过程，具有高效、准确等优势。

薄片粒度分析项目（MGrain、AGrain）的基本操作流程包括以下步骤。

(1)"添加新薄片"或"打开薄片数据文件"（在"薄片信息"下拉菜单打开）（图 1-14）。

(2)修改薄片信息。

(3)选择标尺。

(4)加注标尺。

(5)摄像（"文件"→"新视场"→"摄像"或"保存图像""读图像"）。

(6)对比图像（按空格键切换"白光/偏光图像"）。

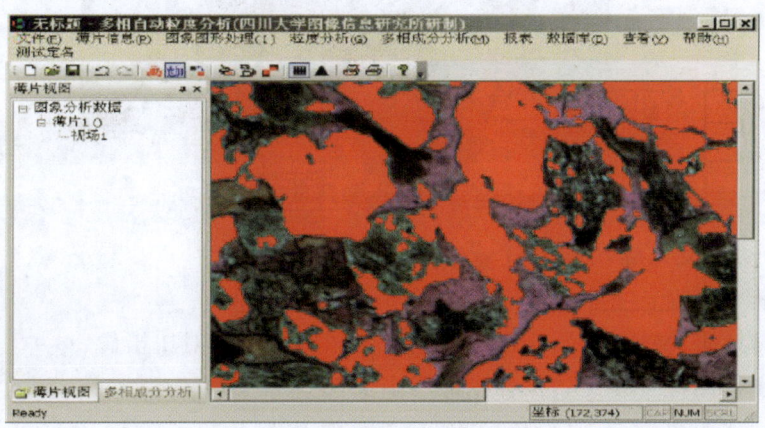

图 1-14　薄片粒度分析项目的主界面

(7)交互式粒度分析（MGrain）（"椭圆测量法"见图 1-15，"长短测量法"见图 1-16）用"文件"→"保存叠加图像"结束。

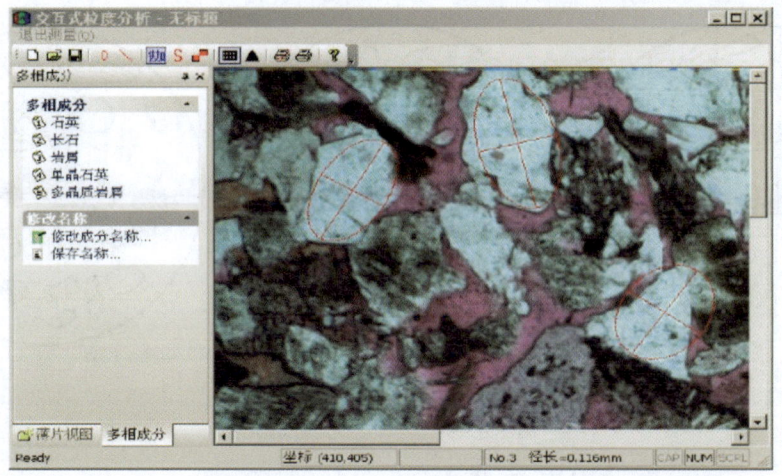

图1-15 椭圆测量法

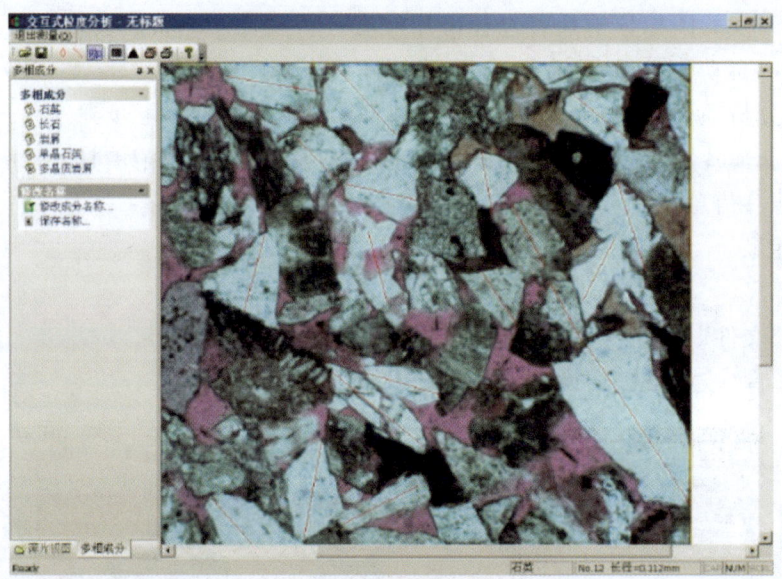

图1-16 长短测量法

(8)进行自动粒度分析(AGrain)。

①粒度分析。

步骤一:"薄片信息"→"新视场"→"读图像"或"摄像"或"对比摄像"。

步骤二:"图形图像处理"→"保存图形层图像"(图1-17)。

步骤三:分析(单击右键)"彩色分割"→"图像分割效果修改"→"特征提取"→"自动计算"。

步骤四:"保存当前分析数据"。

步骤五:"报表"→"报表类型"→"粒度报表"→"打印预览"或"保存为 Word 文档"或"打印"。

步骤六:"分析结果入库保存"。

②多成分分析功能(图1-18)。

步骤一:"图像分割"→"特征提取"→"图像分割效果的修改"。

步骤二:"多项叠加显示"→"统计当前视场"。

步骤三:"报表"→"报表类别"→"成分报表"→"打印预览"或"保存为 Word 文档"或"打印"。

步骤四:"分析结果入库保存"。

(9)保存薄片数据(从"薄片信息"保存)。

(10)报表浏览(打印预览)。

(11)存入数据库。

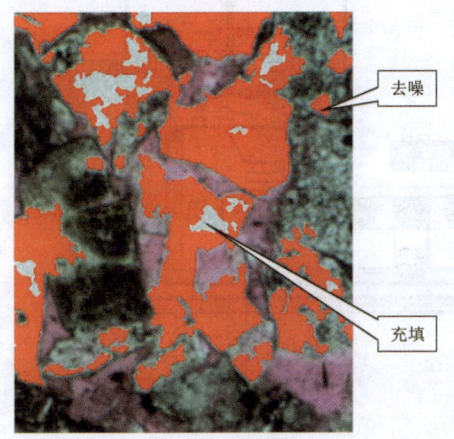

图1-17 图形图像处理

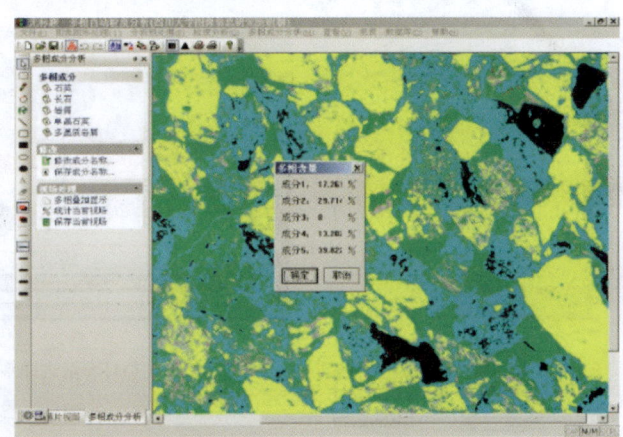

图1-18 薄片多成分分析

三、实习报告

(1)选择颗粒边界清晰的薄片进行薄片粒度分析。

(2)选择两种方法进行对比,先在显微镜下进行人工统计,获得粒度分析的基本数据;然后上机进行全自动或人工干预的粒度分析,获得基本数据和参数。

(3)评价分析结果,检查两种方法是否存在误差。如果存在误差,分析误差的根源。

(4)对比分析概率累积曲线上的结构参数。

实习三 激光粒度分析

经过激光粒度分析仪对样品进行测试,并通过计算机粒度分析软件对测量结果进行整理和计算,绘制样品的粒度分布曲线、概率累积曲线以及粒度众数分布曲线等,利用这些曲线可以进行沉积环境、水动力条件以及气候因素等方面的分析。

一、基本原理

激光粒度仪是根据颗粒能使激光产生散射这一物理现象测试粒度分布的仪器。当光束遇到颗粒阻挡时,一部分光会发生散射现象。散射光的传播方向将与主光束的传播方向形成一个夹角 θ。散射理论和实验结果都表明,散射角 θ 的大小与颗粒的大小有关。颗粒越大,产生的散射光的 θ 就越小;颗粒越小,产生的散射光的 θ 就越大。进一步研究表明,散射光的强度代表该粒径颗粒的数量。这样从不同的角度测量散射光的强度,就可以得到样品的粒度分布(图 1-19)。

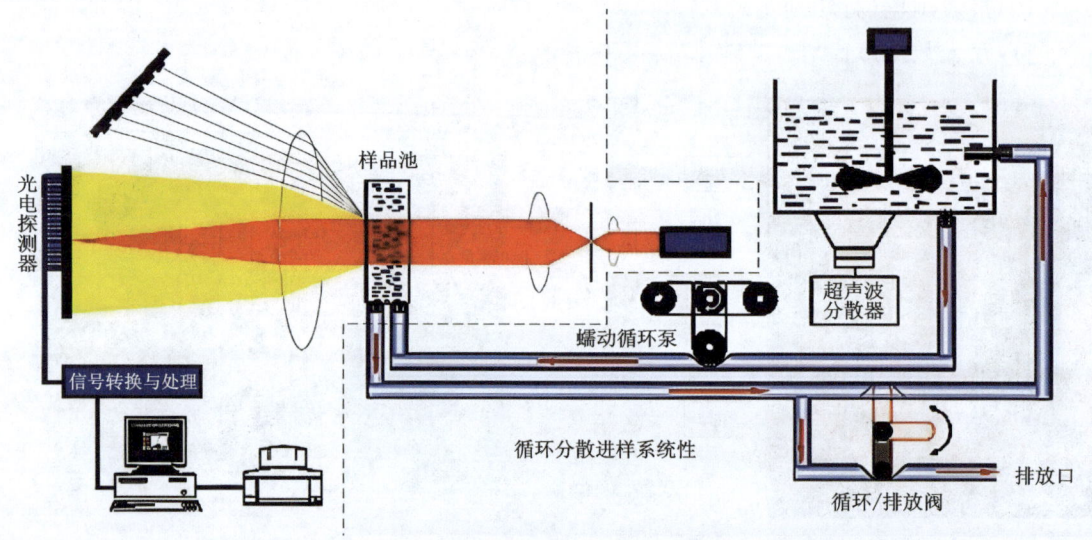

图 1-19 激光粒度仪工作原理图

二、基本特点

(1)提供微量样品池和循环泵两种进样方式(图 1-20、图 1-21),可以根据需要选择一种或两种进样方式。

(2)为满足不同样品的测试和对比需要,数据处理方法有米氏(Mie)散射、弗朗和费(Fraunhofer)衍射两种方法,每一种方法中还包含多种分布模型。用户可根据实际需要选择不同的数据处理方法和分布模型。

(3)采用串行数据传输方式,可以方便地与各种台式电脑、笔记本电脑连接组成粒度测试系统。

(4)仪器的分辨率高,测试软件界面友好、操作简便,具有结果存储、查询、比较、合并、编辑、删除、帮助等功能。

(5)直接打印报告单,内容包括累积粒度分布数据与曲线、区间粒度分布数据与直方图、典型分位的粒径值(如 d_5、d_{10}、d_{15}、d_{25}、d_{50}、d_{75}、d_{84}、d_{90}、d_{95})等。报告单的格式、色彩、字体可以根据需要任意编辑。

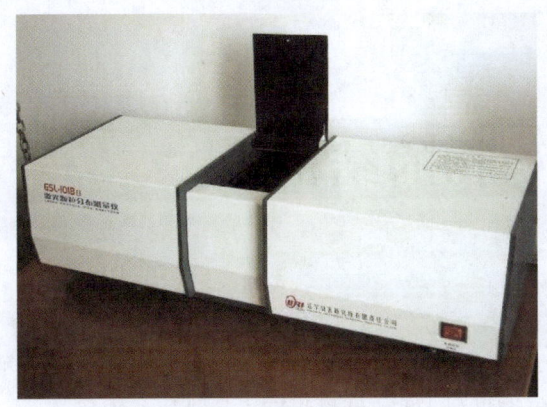
图1-20　GSL-101BⅡ型激光粒度分析仪
（采用微量样品池进样）

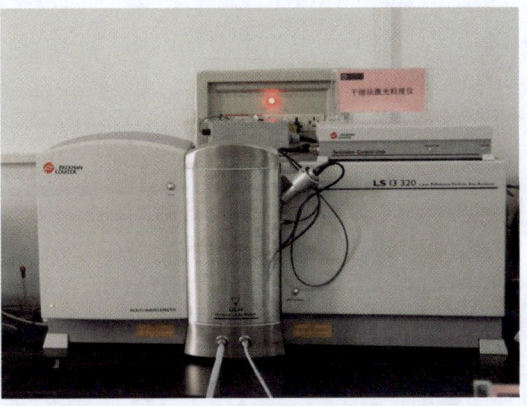
图1-21　贝克曼LS 13320激光粒度分析仪
（采用循环泵进样）

三、分析流程

(1)打开仪器,30s后打开应用软件。预热15min,待温度稳定。

(2)根据样品的性质选用稀释液和分散剂(如蒸馏水或无水乙醇),选择样品池的类型,如石英样品池或塑料样品池。

(3)用稀释剂将样品池及盖子清洗3次。

(4)在样品池中加入稀释液,保持样品池外表面干燥、清洁。

(5)测量本底噪声、悬浮液噪声。

(6)加入已经分散好的样品。

(7)输入样品名称、注释和操作者名字,输入保存文件名和保存目录。

(8)点击"开始测试"按钮,开始分析,注意样品浓度是否合适。如果偏高或者偏低,需要调整样品量,重复(4)~(7)步骤重新分散样品,并重新测量粒度。

(9)测试结束后保存测试结果,打印报告。

四、实习报告

(1)选择细砂、粉砂、黏土质3种样品,对不同颗粒大小的样品进行粒度分析,注意选择数据处理方法,对比不同数据处理方法对测试精度的影响。

(2)根据测试结果,分析所获得的粒度参数,初步判断可能的沉积环境。

第二章 沉积物的结构

沉积物结构是指沉积物颗粒的大小、形状(球度和外形)、圆度、颗粒表面特征和组构(堆积方式和定向性)(Pettijohn,1975),包括粒度、分选度、圆度和球度、支撑类型和孔隙等方面。

一、粒度

粒度是指其中粒状碎屑的粗细程度,一般用以毫米(mm)为单位或者 Φ 值表示,其中 $\Phi=-\log_2 d$(d 为最大视直径,单位 mm)。主要粒级包括:砾(>2mm)、砂(2~0.063mm)、粉砂(0.063~0.004mm)、泥(<0.004mm)。

二、分选度

分选度是指碎屑大小的均匀程度(主要指砂或砂级以上颗粒),分选度可以分为极差、差、中等、好和极好 5 个分选等级(图 2-1)。沉积物的分选度与搬运载体的动力条件、搬运距离、沉积速率等多重因素有关。

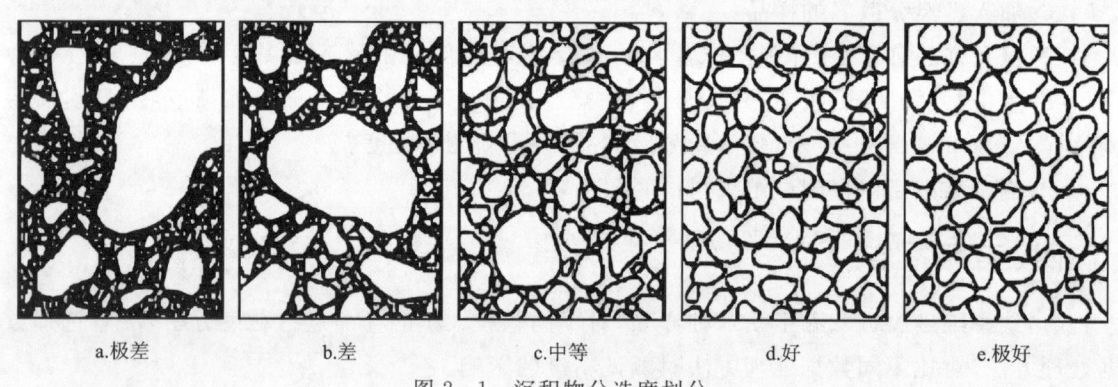

a.极差　　　　b.差　　　　c.中等　　　　d.好　　　　e.极好

图 2-1　沉积物分选度划分

三、圆度和球度

圆度和球度是两个不同的概念。圆度指碎屑外表棱角被磨平的程度或表面光滑程度,也称磨圆(磨圆度)。球度是与等球体的逼近程度,可以进一步分为高球度和低球度两种(图 2-2)。圆度可以分为极圆状、圆状、次圆状、次棱角状、棱角状以及尖棱角状 6 个圆度等级。圆度与搬运距离、流体动力条件以及碎屑颗粒组成等因素有关。

分类	极圆状	圆状	次圆状	次棱角状	棱角状	尖棱角状
低球度						
高球度						

图 2-2 高球度和低球度两组颗粒的圆度分类（据 Pettijohn,1975）

四、支撑类型

支撑类型是指沉积物所受压力在沉积物内部的分布状况。支撑类型一般根据基质含量的多少来确定，包括颗粒支撑、基质支撑以及两者的过渡类型（图 2-3）。支撑类型取决于较大颗粒和基质（与砂或砂级以上颗粒共生的细粉砂和泥级颗粒）的相对含量。

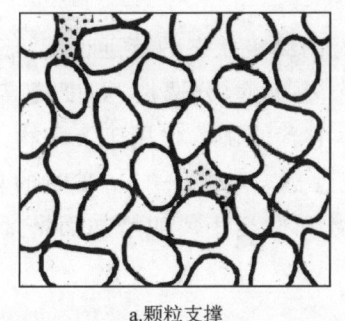
a.颗粒支撑

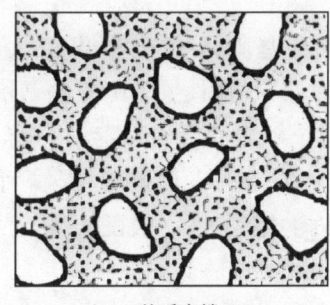
b.基质支撑

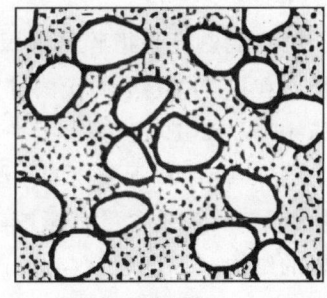
c.过渡支撑

图 2-3 沉积物颗粒支撑类型

五、孔隙

沉积物（或沉积岩）中未被固态物质占据的空间称为孔隙。在岩石磨片中，为了清晰显示孔隙的大小和形态，经常在真空加压下将红色或蓝色的液态胶注入岩石孔隙空间，待液态胶固化后磨制成岩石薄片。由于岩石孔隙被有色胶充填，故在显微镜下十分醒目，容易辨认，为研究岩石孔隙大小、分布及几何形态、平均孔喉比、平均孔隙半径、喉道、配位数、裂缝长度及宽度、裂隙率等提供了有效途径，该种薄片称为铸体薄片（图 2-4）。孔隙度主要与碎屑颗粒的粒度、圆度、分选性有关。

图 2-4 铸体薄片中显示的孔隙结构和孔隙大小

六、结构成熟度

结构成熟度是指碎屑沉积物与无基质、分选度和圆度都极好的终极状态的接近程度。碎屑物质在风化、搬运和沉积过程中，不断被改造，其总趋势是杂基减少，分选性、圆度提高。Folk 和 Ward(1957)提出了一种用于砂岩的"结构成熟度"标准，它代表随着作用于沉积物上能量的逐渐增加，所预期的一些结构特征的发展趋势，是一种定性标志（表 2-1）。砂岩的分选性、圆度及基质含量都影响其结构成熟度，一般随再搬运次数和搬运距离的增加而增加。砂岩的结构成熟度通常与成分成熟度协调一致。

表 2-1 沉积物颗粒的结构成熟度分级

成熟度分级	结构特征			可能的沉积环境
	磨圆度	分选度	基质含量/%	
极不成熟	差	差	>15	大陆泥石流、洪积、冰碛
不成熟	差	差	5~15	洪积、河流、浅湖
次成熟	差	中等	<5	洪积、河流、浅湖、风成砂丘
成熟	中等	好	<5	河流、风成砂丘、海滩
极成熟	好	好	<5	风成砂丘、海滩

实习四 沉积物的结构

一、实习目的

沉积物的结构是沉积物在沉积过程中形成的,是特定水动力作用下的产物。因此,沉积物的结构反映了沉积物的水动力条件。

实习的目的是通过沉积物的结构分析,揭示水动力条件,并在水动力综合分析的基础上分析沉积物的形成环境。

二、实习内容

(1)对沉积物或沉积岩进行结构描述,从沉积物的粒度、分选度、圆度、支撑类型以及孔隙结构5个方面,描述沉积物的结构特征。

(2)分析沉积物的粒度、分选度、圆度、支撑类型以及孔隙结构等参数的形成条件,即水动力条件,分析水动力的能量和作用时间、沉积物的搬运距离、流体性质以及早期成岩作用等内容。

(3)在上述沉积物结构分析的基础上,综合分析沉积物结构的形成背景,探讨可能的沉积环境。

(4)通过对手标本的宏观描述和薄片的微观描述,学习沉积物沉积结构的描述方法。在沉积物沉积结构描述的基础上,分析总结得出水动力条件和沉积环境的结论。

三、砂岩描述实例

产地:河北唐山
层位:震旦亚界

1. 手标本描述

灰绿色,中粒砂状结构,粒度均匀,分选度好,圆度多为圆状,碎屑含量约85%,胶结物约15%;颗粒支撑,孔隙式胶结。

碎屑几乎由石英组成。石英无色,微透明,具油脂光泽,硬度较大。胶结物为海绿石,暗绿色,无光泽,小刀可以刻划,部分氧化成褐铁矿,形成疏松的褐色斑点。有些海绿石呈颗粒状,为自生碎屑,粒径与石英碎屑接近。

可见由海绿石含量变化形成的平行纹理,纹理厚约1mm。

2. 薄片描述

岩石具中粒砂状结构。多数颗粒粒径在0.2~0.4mm之间,分选度好,圆度为圆到极圆状。碎屑含量为80%,胶结物含量为20%。碎屑由陆源碎屑和自生海绿石碎屑组成,它们分别占碎屑总量的90%和10%。陆源碎屑中97%以上都是石英,仅有极少量的长石和锆英石、绿帘石等重矿物。

石英无色，表面干净，呈圆到极圆状，部分具不规则裂纹或有尘点状包裹体，多数有明显的波状消光。长石无色，可见解理，多为微斜长石和斜长石，偶见条纹长石，一般呈次圆状。有的长石因高岭土化略带褐色或浑浊不清。重矿物粒度较细，圆度很高。

自生海绿石碎屑为鳞片状集合体，外形浑圆，粒径多在0.4~0.5mm之间。海绿石碎屑鳞片分布且比较均匀，呈鲜绿色，多有集合偏光现象。少数鳞片较大，可见明显多色性和二级干涉色。

胶结物为海绿石和自生石英，以自生石英为主。胶结方式为孔隙式。自生石英均为碎屑石英的加大边。两种胶结物不在同一粒间孔中出现。胶结十分紧密。

以上仅仅是描述的部分，各参数所反映的水动力条件以及沉积环境的分析内容，在此省略。

四、实习报告

(1)观察描述岩石薄片的结构特征，分别从岩石的粒度、分选度、圆度、支撑类型以及孔隙结构等方面对岩石结构进行描述。

(2)确定岩石的结构成熟度，并初步判断其形成的沉积环境。

(3)注意描述的规范性，用专业术语表述。

第三章 沉积物的构造

沉积构造是沉积物中最常见的宏观特征之一,是由沉积物的成分、结构、颜色的不均一性而形成的构造。由于沉积物存在搬运和沉积作用的差异,沉积构造的成因包含机械、化学和生物3种单一成因以及它们共同作用的复合成因。

沉积物的搬运和沉积作用主要有3种方式,即机械搬运与沉积作用、化学搬运与沉积作用、生物搬运与沉积作用,3种作用往往不是孤立进行的,可以同时对沉积物发生作用,但往往以一种作用为主。

一、机械搬运与沉积作用

按照搬运方式的不同,搬运介质可分为牵引流和重力流两种类型。

1. 牵引流

搬运介质运动带动固体颗粒运动,水和空气是牵引流的主要介质。

(1)运动方式分为层流和紊流两种。层流为流体分子呈直线运动。紊流为流体分子运动轨迹不规则。

(2)流态通常以弗劳德数 F 来表示。

$$F = v/\sqrt{g \cdot d} \tag{3-1}$$

式中:v 为流速;g 为重力加速度;d 为水深。

低流态:$F<1$,是一种水深流缓的流动状态,水体搬运能力弱,水面波动和沉积物表面的起伏不同相。

过渡流态:$F=1$,水面波动与沉积物表面起伏不完全同相。

高流态:$F>1$,是一种水浅流急的流动状态,水体搬运能力强,水面波动和沉积物表面的起伏同相。

(3)底形是水流作用在水底沉积物表面所形成的各种外形。底形与流态之间有密切的关系,随水流动态的变化底形发生有规律的变化。大部分沉积构造(各种波痕、层理)是由底形的迁移而形成的(图3-1)。

在低流态下,随着水流动态变强(F 值增加),底形出现的次序为:下平底(没有颗粒移动)→小波痕→小波痕叠加的大波痕→大波痕。

随着水流动态变强(F 值增加),在高流态下波痕的脊由直线变为波状或舌形。

在过渡流态下,底形不稳定,主要是被冲刷的大波痕。

在高流态下,常见的底形为上平底和逆行沙丘。

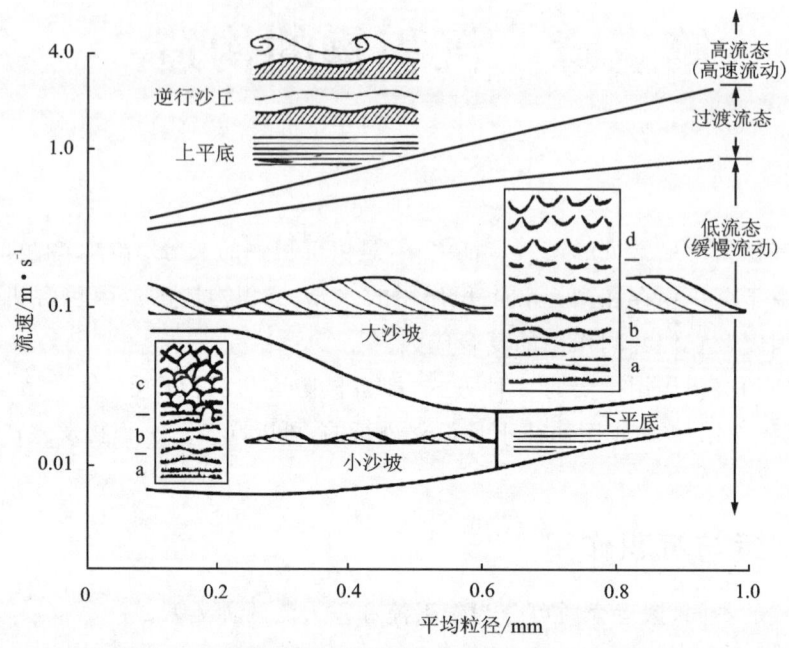

图3-1 底形随水流强度的演化图(据 Simons et al.,1965)

2.重力流

重力流通常称为高密度流,在重力作用下,沉积物表现为不稳定而移动→带动水介质运动→水介质与沉积物充分混合,进而形成富含沉积物的流体。按照沉积物的支撑机理,重力流可分为4种类型(图3-2)。

(1)浊流:流体内的沉积物由湍流的向上分力支撑,使沉积物持续地悬浮于流体中。

(2)液化流:沉积物颗粒间孔隙流体的向上流动支撑沉积物。在富含液体(水)的松散沉积物中,当孔隙流体压力超过静水压力时,颗粒保持悬浮状态,就像流沙一样。

(3)颗粒流:由于沉积物颗粒之间的相互碰撞作用而使颗粒呈悬浮状态,在重力作用下流动。

(4)碎屑流:基质支撑沉积物颗粒,使砂、砾级颗粒悬浮于其中并在重力作用下进行搬运。

二、化学搬运与沉积作用

溶解物质可以呈胶体溶液或真溶液被搬运,这与物质的溶解度有关。Al、Fe、Mn、Si 的氧化物难溶于水,常呈胶体溶液搬运;而 Ca、Na、Mg 的盐类则呈真溶液搬运,它们在沉积盆地中沉淀形成各种自生氧化物和盐类矿物。化学搬运与沉积作用受化学定律支配,主要是溶解物质的沉积分异作用,这种作用称为化学分异作用(图3-3)。

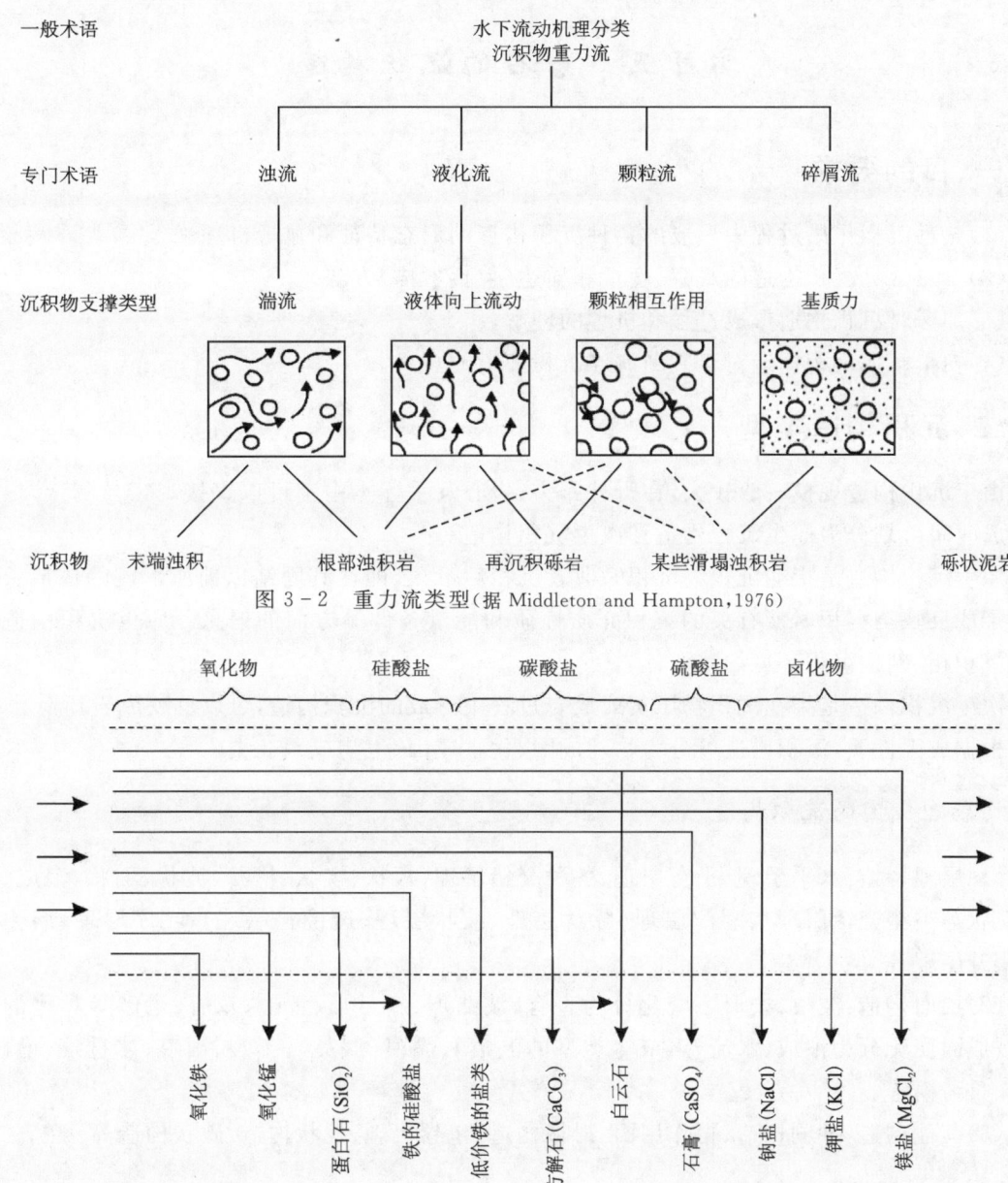

图 3-2 重力流类型(据 Middleton and Hampton,1976)

图 3-3 化学分异作用示意图(据 Пустовалов,1954 资料;曾允孚和夏文杰,1986 修改)

三、生物搬运与沉积作用

生物作为一种搬运营力的意义较小,但生物的沉积作用却是很重要的。生物不仅可使溶解物质大量沉淀,还可使部分黏土物质和内源碎屑发生沉积。生物的沉积作用包括直接方式和间接方式(细分为生物化学沉积作用和生物物理沉积作用两种)。

实习五 岩石的沉积构造

一、目的要求

(1)熟悉沉积作用过程中形成的各种沉积构造的形态特征和显现机理。
(2)学习常见沉积构造的观察、度量和描述(包括素描)方法。
(3)加深对沉积构造形成过程和机理的理解。
(4)初步掌握沉积构造对于判断海洋沉积环境的意义。

二、沉积构造类型

由于沉积构造规模一般较大,在野外露头、岩心及手标本中都可以直接观察与测量,根据其形成时间可划分为原生沉积构造和次生沉积构造。

原生沉积构造是指在沉积物沉积时或者沉积后不久,即在其固结以前所形成的构造。它保存了能反映与沉积时期有关的沉积介质性质和能量条件等方面的信息。原生沉积构造是划分沉积相、判别沉积环境的重要标志。

次生沉积构造是指在沉积物压实或成岩过程中形成的沉积构造,可以反映成岩环境。

根据成因性质,沉积构造可分为物理成因、化学成因、生物成因3类。

1. 物理成因的沉积构造

(1)层理构造:水平层理、平行层理、各种交错层理(板状、楔状、槽状、波状、羽状、浪成、冲洗、丘状等类型交错层理)、潮汐层理(脉状层理、波状层理、透镜状层理)、粒序层理、韵律层理、爬升层理等。

(2)层面构造:波痕(按形态变化分为直脊、波曲形、新月形、舌形、双脊、干涉等类型的波痕,按成因变化分为浪成、水流、风成等类型的波痕)、晶痕(假晶)、干裂、雨痕、冰雹痕、槽模、沟模、重荷模等。

(3)其他构造:冲刷构造、再作用面、滑塌构造、包卷层理、枕状构造、碟状构造等。

2. 化学成因的沉积构造

该类沉积构造包括鸟眼构造、缝合线、帐篷构造、叠锥、结核、假层理等。

3. 生物成因的沉积构造

该类沉积构造包括虫孔(潜穴)、爬痕、藻叠层、植物根痕等。

三、实习内容

对手标本的沉积构造进行观察描述,并绘制素描图。如果构造可指示古水流或岩层顶底面,在素描图上可用箭头标示出来。

(1)层理构造:水平层理、平行层理、波状层理、板状交错层理、楔状交错层理、槽状交错层理、波纹交错层理、攀升层理、脉状层理、块状层理(牵引流、重力流、滞流沉积)、粒序层理等。
(2)层面构造:不对称波痕、对称波痕、负荷构造、雨痕等。
(3)其他物理构造:包卷层理、滑塌构造、冲刷构造等。
(4)化学构造:黄铁矿晶团、石盐假晶、叠锥等。
(5)生物构造:双壳类、海百合茎、腕足类、芦木、鳞木、蕨类、轮叶等。

四、实习报告

(1)描述岩心中的交错层理。
(2)重点描述显示方式、粒度大小、纹层和纹层组组合关系等内容。
(3)初步分析该交错层理的水动力条件。
(4)认真总结沉积构造在沉积环境分析中的指相意义。
(5)分析可能的沉积环境。

实习六 现代沉积物的沉积构造

一、目的要求

(1)初步了解观察现代沉积物的沉积构造的基本方法。
(2)学习现代沉积物中沉积构造的观察、度量和描述(包括素描)方法。
(3)初步掌握利用沉积构造来判断水动力参数。
(4)推断可能的沉积环境。

二、观察手段

在现代沉积环境中,沉积构造的观察手段因自然条件的限制而稍有不同。在不同的水深条件下,观察沉积构造采用了不同的方法。

(1)在海岸带阶地上,由于地壳抬升或海平面下降,沉积物受到地表径流的切割,从剖面中可以直接观察到沉积构造,但这种沉积物的沉积时间一般都有一定的年限,如晚更新世甚至更早。
(2)在海岸平原上,由于常年暴露或周期性暴露,可以采用人工探槽的方法进行揭露(图3-4),之后通过观察记录获得第一手资料。
(3)有条件的话还可以通过一种特殊的方法,带回野外观察到的沉积构造,这种特殊的方法就是揭片的方法,即把事先粘好胶的纱布或纸贴在探槽的剖面上,获得剖面上的薄层沉积物,从而记录现代沉积物的沉积构造。
(4)在覆盖一定水深的海底,可以通过重力柱状取样或钻探取样,就能够获得岩心的沉积构造(图3-5)。岩心样品的观察分两步完成:第一步,在柱状样品被劈开之前,岩心为圆柱状样品,注意层理的弧状变形;第二步,在柱状样品被劈开之后,岩心为平面切片,仍然要注意所

图 3-4　海岸带人工探槽揭露的沉积构造

图 3-5　大洋钻探样品显示的原始沉积构造（据 Tada et al.,2015）

切的方向与水流方向的关系。

(5)深海中由于水深太深,在没有柱状取样或钻探的情况下,通过深潜器仍然可以观察到沉积构造(图 3-6)。这里需要注意深潜器所达到的地理位置,分析判断可能的水动力条件、流体的性质。

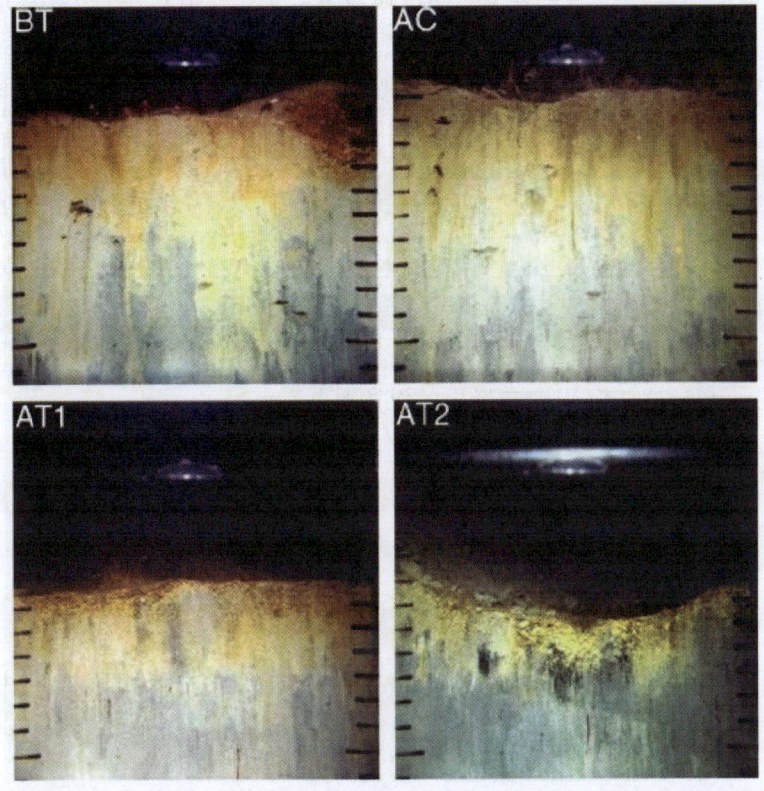

图 3-6　通过深潜器拍摄的大洋表层沉积构造（据 Nilsson and Rosenberg,2003）

三、实习内容

（1）实习用的揭片是取自现代潮坪环境（图 3-7），主要揭示现代潮坪的沉积作用过程。

图 3-7　揭片揭示的现代沉积物的沉积构造

（2）重点观察描述潮坪特有的层理类型，如波状层理、透镜状层理、脉状层理、双黏土层理、羽状交错层理、槽状交错层理等。

（3）注意观察层理类型、黏土矿物含量在纵向、横向上的变化，分析沉积水动力条件及其变化。

四、实习报告

（1）通过揭片的观察，描述揭片揭露的层理类型、黏土矿物含量、分布，注意观察不同层理类型在纵向、横向上的变化。

（2）分析水动力条件及其演变过程。

（3）综合分析、判断这些沉积构造形成的沉积环境。

第二部分

沉积学编图

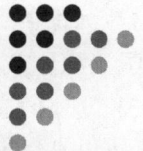

沉积学编图是进行盆地分析的必要手段，编图的目的是反映盆地分析的各项基本内容，盆地分析的编图必须紧密围绕盆地分析的主题和基本内容展开。

1977年，Potter和Pettijohn（1977）在《古流和盆地分析》一书中首次提出了"把盆地作为一个整体进行研究"的基本思路，比较系统地总结和概括出研究一个沉积盆地的分析流程与方法。他们要求对沉积盆地进行岩相分析、古流分析、沉积物分散类型分析和构造背景分析，最后复原盆地沉积的古地理环境。

20世纪80年代以来，以勘探资源为目的的盆地分析对盆地中的沉积岩层进行地层学、构造学和沉积学研究，其最重要的结果是揭示一个沉积盆地的古地理演化，并指出盆地分析就是将沉积盆地作为实体进行地球动力学综合研究（Allen and Allen，2013）。

盆地整体分析主要包括盆地的区域背景研究、基本格架研究、沉积学研究、构造学研究、盆地演化及资源预测等内容。为了完成盆地分析的研究任务，达到为勘探服务的目的，必须编制种类齐全的一整套图件。

盆地沉积学的研究内容很多，涉及面广。其目的是通过研究盆地的沉积序列、沉积相、沉积模式、沉积体系特征、古流向及分布样式，再现盆地沉积充填过程和沉积环境。

沉积盆地的演化具有阶段性，盆地的阶段性通常是通过等时地层单元来表述的。等时地层单元可以是层序地层学中的任何一级地层单位，如一级层序、二级层序、三级层序、小层序组或小层序等，也可以是传统岩石地层学中的任何一级地层单位，如群、组、段或亚段等。实际上，等时地层单元也正是盆地古地理重建过程中首先需要选择的编图单位。

在盆地分析中，把同一时期（即一个等时地层单位内）发育形成的各类沉积体系的空间配置面貌称为沉积体系域（depositional system tract），所以盆地古地理重建实际上等同于沉积体系域重建。例如美国海湾盆地始新世沉积体系域就显示了一种沿盆地倾向的演变序列，即由Mt. Pleasant河流沉积体系→Rockdale三角洲沉积体系的迅速演化（见后文图4-2）。我国东北地区的霍林河断陷盆地17煤组底部的沉积体系域，则显示了冲积扇-扇三角洲沉积体系发育于盆地的活动边缘；小型三角洲体系发育于盆地的稳定边缘；河流体系位于小型三角洲体系的上游地带；浅湖沉积发育于盆地中心（李思田等，1982）。

在一个沉积盆地中，如果按照一定的精度对逐个等时地层单元进行古地理重建，人们就能获得对该盆地沉积充填演化史的正确理解，以及对有益矿产资源的准确预测。

一般来讲，沉积学编图需要从点到线再到面逐步开展工作，分别进行单井相分析、沉积剖面分析以及各要素的平面分析，编制沉积相柱状图、剖面图、砂体图和古环境图等图件。

第四章 单井相分析

沉积相柱状图是盆地充填序列柱状图的组成部分,一个沉积相柱状图表示沉积体系、相组合或岩石成因标志和物性在垂向上的组合特征(图4-1)。

单井相分析是对取心井的岩心进行细致的观察描述、分析、鉴定,提取各种相信息,如岩性和岩性组合特征、原生沉积结构和构造、生物化石特征、粒度分析结果、相序特征等,进行综合分析,建立单井相分析柱状图。单井相分析是沉积环境研究的最基本入手点,它是通过综合分析每口钻井的岩心编录资料、测井曲线等基础资料,划分出沉积相,找出旋回特征,确定关键层序界面,进而对目的层位的垂向沉积序列有一个整体的把握,完成"点—线—面"研究思路中的"点"的部分。具体操作步骤如下。

1. 划分岩性相

(1)首先在岩心观察和实验基础上进行岩性相分类,岩心描述记录格式详见附录三。

(2)划分岩性相不仅要区分岩石类型,而且要反映沉积时水动力、地化及生物作用条件。碎屑岩储层的水动力条件和能量与储层质量好坏一般有紧密联系,因此储层碎屑岩的岩性相尽可能与能量单元统一起来。

(3)对每种岩性相的沉积作用或沉积环境做出解释。

2. 垂向层序的分析

(1)垂向层序是地下地质工作中沉积相分析的重要依据。一般来说,一定的微相有一定的垂向沉积层序,但一种垂向层序可能有几种微环境成因,所以垂向层序是很重要的相标志而不是绝对标志,需结合其他标志综合判别。

(2)碎屑岩储层垂向层序一般又是层内非均质性的决定性因素,因此确定各微相砂体的典型垂向层序是储层描述中必不可少的内容。

(3)垂向层序以自下而上岩性相的组合序列来表示,以最基本的沉积旋回为单元进行组合。

(4)垂向层序的分类和描述要满足划分微相及各微相作用沉积学解释的要求。

(5)每类垂向层序应选择代表性取心井段分别绘制相柱状图,内容除沉积学描述外,还应包括反映储层物性及典型测井曲线。

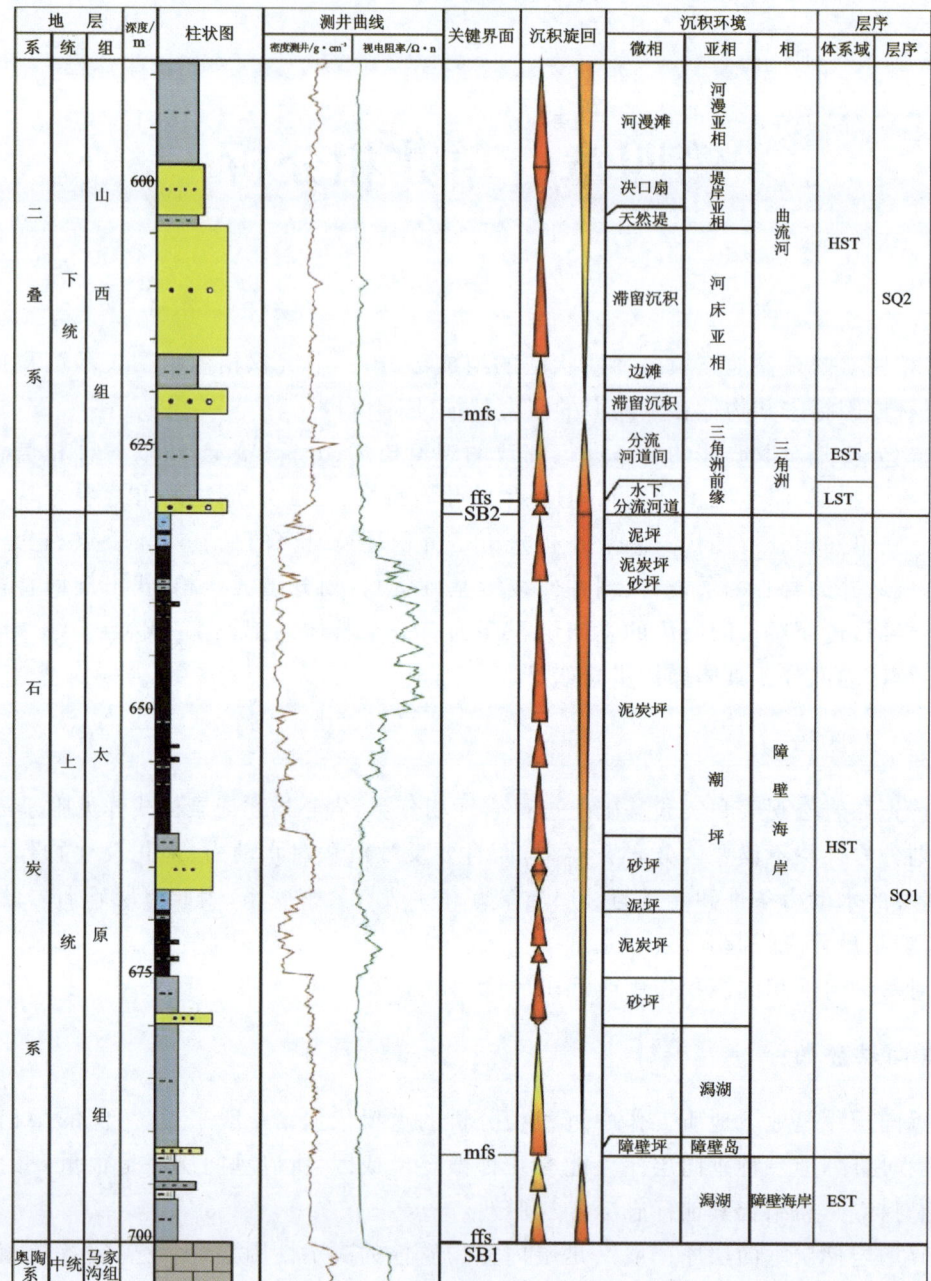

图 4-1 塔里木盆地 DG1 井单井柱状图

3.沉积旋回分析

(1)以最小沉积旋回为单元的垂向层序分析为基础,逐级向上扩大进行各级沉积旋回分析。

(2)沉积旋回分析的目的是搞清垂向上的微相演化,进一步确认亚相,并从相组合上检验微相,要应用全部的相标志进行综合分析。

(3)各级沉积旋回反映盆地构造活动、气候变化、碎屑物供应量的变化、水进水退、沉积体的废弃转移、各次沉积事件间能量的差异以及每次沉积事件本身能量的变化过程。

(4)沉积旋回分析应从小到大、从大到小反复进行，从各级旋回的岩相组合和演化规律上互相检验相分析的合理性。

(5)沉积旋回界线应是确定的时间界线。

4. 单项指标相分析

常用于碎屑岩储层相分析的单项指标有粒度分析、微量元素分析、孢粉古气候分析、古生物分布分析等。

5. 地震相分析

地震相分析是利用地震反射波的特征来识别的，这些特征包括地震相的外形、内部结构、顶底接触关系、振幅、连续性、视周期、层速度、反射特征的横向变化等。由于不同的沉积相具有不同的岩石组合及结构，它们具有不同的地震波反射特征。利用地震波特征的差异就可以划分地震相，并将其转化为沉积相。

6. 测井相分析

测井相是指表征地层特征的测井响应的总和，而且这种测井响应特征不同于周围其他测井响应特征。

在进行测井相分析之前，必须选择有效的测井组合。不同的测井曲线对不同的岩性有不同的测井响应，选择测井系列主要应考虑测井曲线对岩性、薄层及储集层物性和含油性的分辨能力。常用的测井方法为自然电位、自然伽马、电阻率、声波、密度、中子及地层倾角等。

沉积相是由特定的相标志表示，而测井相则是由特定的测井响应来表示。测井相与沉积相相当，不同的沉积相带因其岩石的成分、结构、构造等不同而导致测井响应不同，但由于测井曲线的多解性，两者并不都是一一对应。因此，必须用已知沉积相对测井相进行标定，首先在取心井中将测井曲线或参数划分为若干种测井相，将这些测井相与岩心分析的沉积相进行相关对比，建立两者之间的相关关系，然后反过来在没有取心的井中用测井资料进行沉积相分析(图4-2)。实例如美国得克萨斯州下威尔科斯(Wilcox)群(始新统)的高建设性朵状三角洲体倾向剖面以及倾向上共生的河流相就是通过不同测井相与沉积相结果对比分析得出。

测井相分析的基本方法是：首先，建立岩心相与测井相之间的对应关系，建立测井相库；然后，依据测井相库资料对各井、各层段划相；最后，归纳建立全区和整个沉积过程的沉积相模式。测井相分析的相标志主要有单一曲线的形态、多曲线的梯形图或星形图、地层倾角测井标志等。

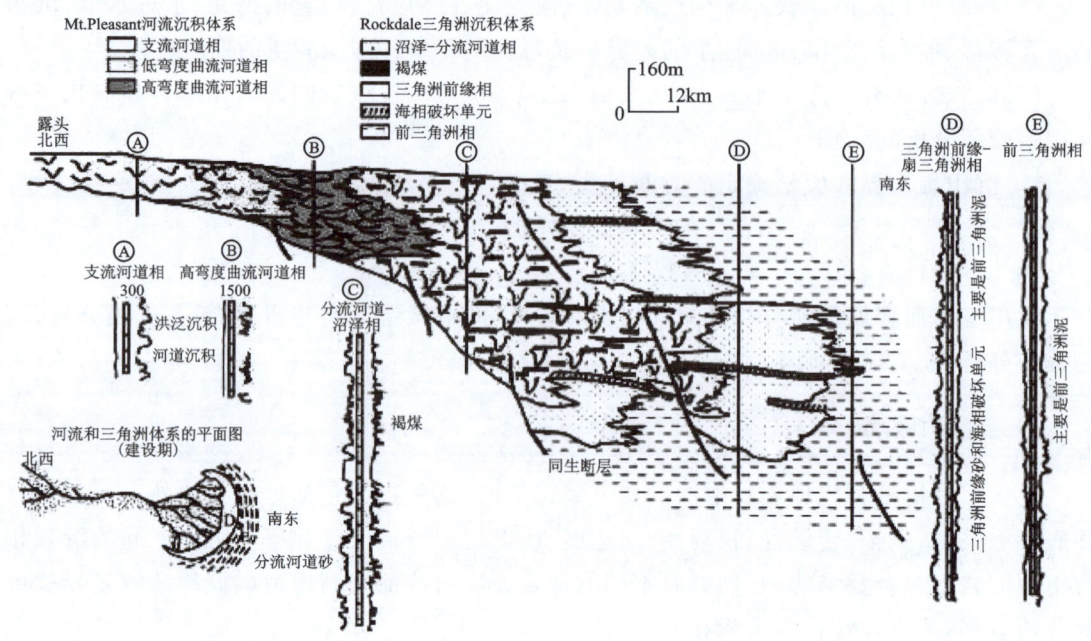

图4-2 得克萨斯州下威尔科斯(Wilcox)群(始新统)的高建设性朵状三角洲体的倾向剖面以及倾向上共生的河流相(据 Fisher and McGowen,1967)

实习七 单井相图的编制

一、目的要求

结合给定的单井岩心编录资料、测井曲线等基础资料,掌握利用 ResForm 3.5 软件进行单井相图编制的流程与方法,并对单井相图进行分析。

二、实习内容和步骤

1. 建立数据服务连接

(1)进入 ResForm 3.5 工作界面(图4-3),在"数据"一栏内,点击"配置数据服务"。在"数据服务管理器"设置窗口(图4-4),点击"新建"按钮,弹出"新建数据服务连接"设置窗口(图4-5),定义数据连接的名称,选择"使用本地 Miicrosoft Access 数据文件"并选择新建数据库的本地路径及数据库文件名。

图4-3 ResForm 3.5 开始工作界面

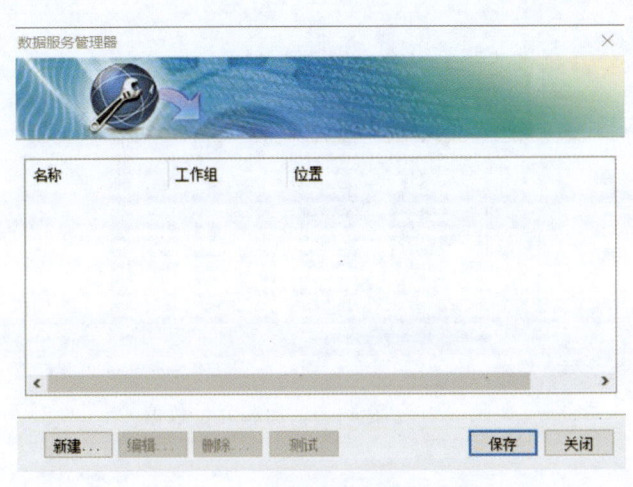
图4-4 数据服务管理器界面

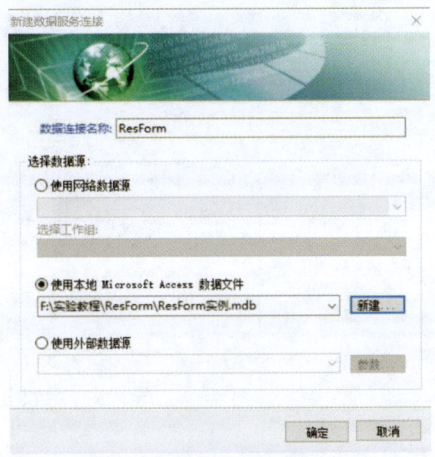
图4-5 新建数据服务连接

2.建立新工区

在"开始工作"窗口的"开始"一栏,点击"新建工区"按钮(图4-3),弹出"创建工区"设置窗口,设置工区名称及创建位置(图4-6)。点击"下一步",选择数据服务和油气田名称(图4-7)。

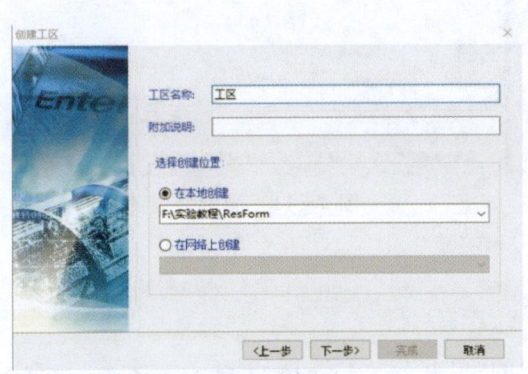
图4-6 创建工区

图4-7 选择数据服务和油气田名称

3.导入井位坐标

（1）点击准备服务,在准备数据窗口左侧,点击井位数据,在井位数据窗口内打开右键菜单,选择从文件导入井位坐标数据,或者通过粘贴板粘贴井位数据(图4-8)。

（2）编辑井位坐标,包括井名、井别、完钻井深、纵坐标、横坐标、补心海拔等内容(图4-9)。加载井位坐标后,点击"提交编辑结果",把井位数据提交至数据服务,可看到井名列表(图4-10)。打开右键菜单,可浏览示意井位图(图4-11)。

（3）删除井,选中井对象,按 Delete 键删除。

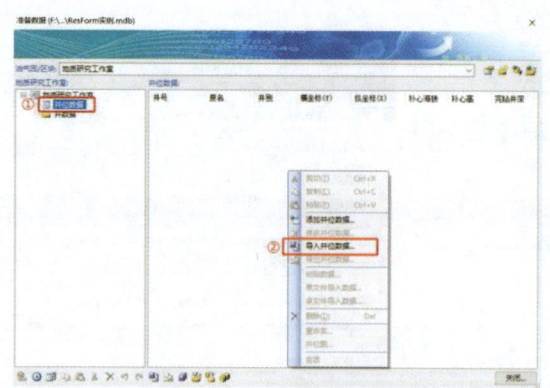
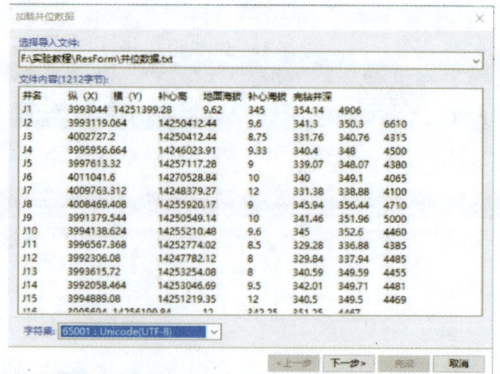

图4-8 导入井位数据　　　　　　　图4-9 加载井位数据

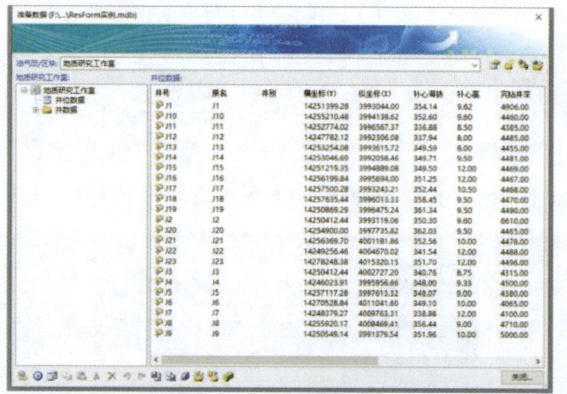
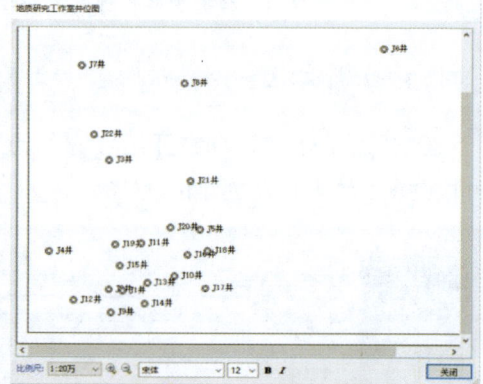

图4-10 井名列表　　　　　　　图4-11 浏览井位图

4. 新建文档

(1)点击鼠标右键,打开位于右侧任务窗格中的"单井分析图"选项菜单,选"添加新图"(图4-12)。

(2)选择"添加新图"后,弹出"创建单井分析图"对话框。在对话框中"图名"的文本框内填写单井图的名称,在"井名"框内选择井名(图4-13)。

5. 井对象操作

(1)选中对象,在刚才新建的剖面上按鼠标左键,选中井对象。

(2)井对象中增加道,新建井时已经默认形成深度道,增加新道的方法是在工具栏打开"新建图道"下拉按钮,或在窗口空白处单击鼠标右键,弹出菜单。选择"新建图道",选择"离散曲线道""岩性道""文本道""试油数据道"和"射孔数据

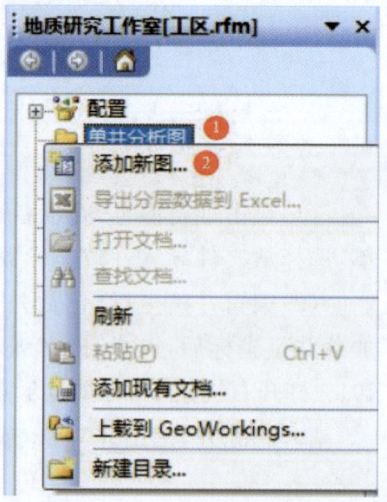

图4-12 添加新图

· 38 ·

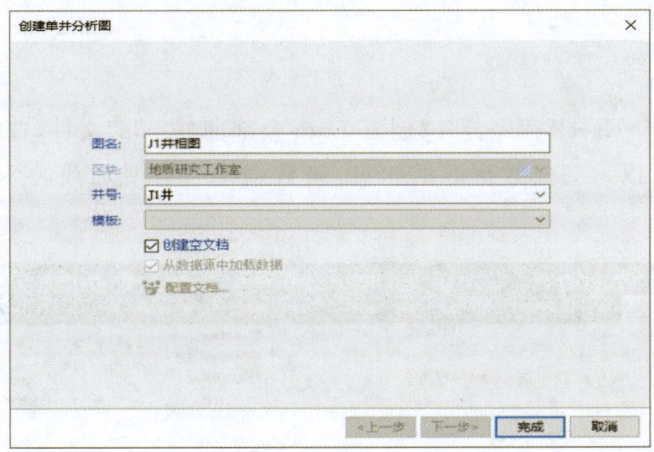

图 4-13 创建单井分析图

道"等按钮,增加所要求类型的道(图 4-14)。

道类型包含 7 类,分别为:①深度道,显示井深度,可设置刻度数、显示间距和颜色等;②曲线道,用于放置测井曲线数据,一个井对象可增加多个曲线道,每个曲线道可放置多条测井曲线,可修改曲线名称、左右值、刻度和颜色等属性;③分层道,用于放置分层数据,一个井对象可有多个层,层的性质有多种;④岩性道,用于放置岩性数据,是井对象指定深度段的地层岩石性质,岩性有多种多样;⑤文本道,用于放置层段文本数据,可放置指定深度段的地层单位、沉积相特征、油层组和计算单元等;⑥试油道,用于放置指定层段的试油试采数据;⑦射孔道,用于放置射孔位置数据。

6. 编辑深度道

在井中深度道"道头"处单击鼠标左键选中深度道,选中后道头变黑;然后,双击鼠标左键,或单击鼠标右键选择"设置",弹出名为"编辑深度道"的对话框,编辑有关参数(图 4-15)。

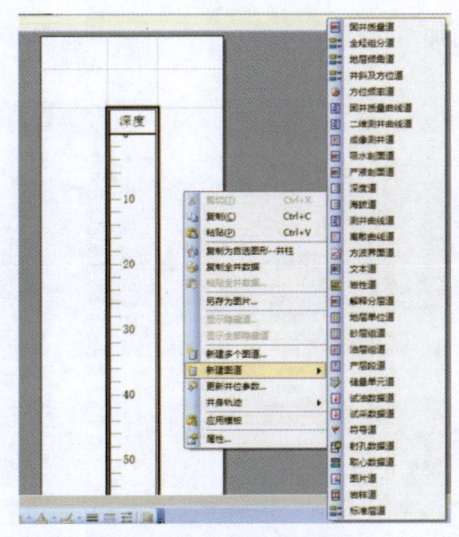

图 4-14 新建图道

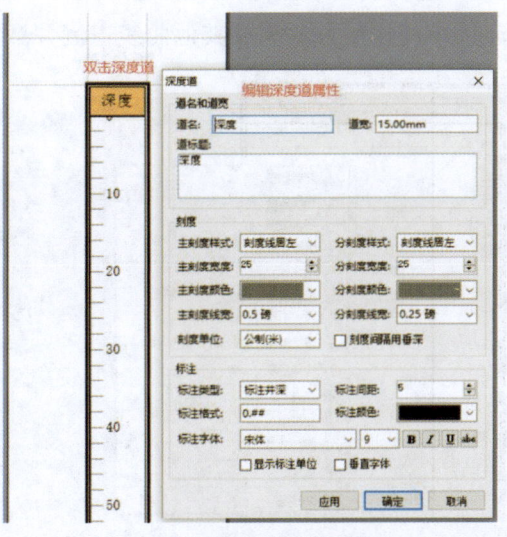

图 4-15 深度道编辑

7. 加载测井曲线

(1) 用"Microsoft Excel"程序打开"剖面 Data 全部曲线.xls"文件,选"J1 井"的测井曲线数据(文本文件也可以),完成数据源的拷贝,该数据中含有要加载的 RILD、SP 两条曲线(图 4-16)。

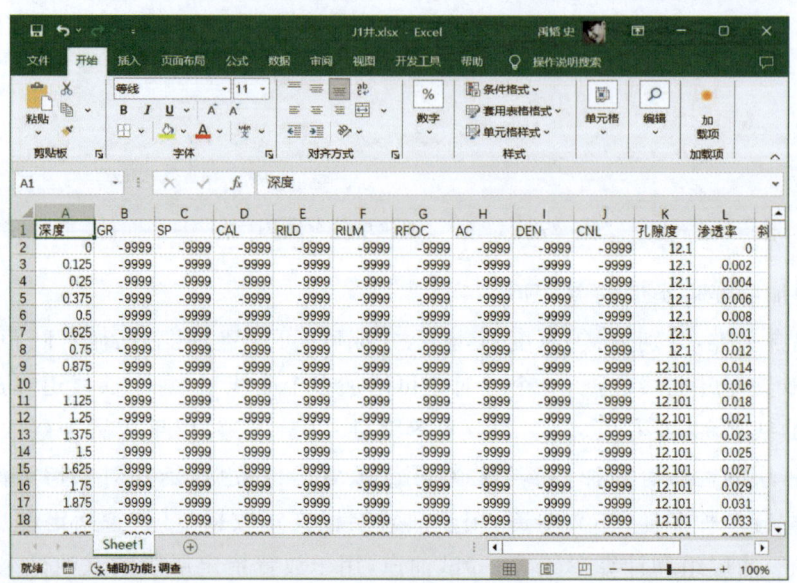

图 4-16　Excel 中显示测井数据

(2) 选中要加载的目标曲线道(在"道内"处单击鼠标左键选中曲线道)。

(3) 单击鼠标右键弹出菜单选"导入数据"命令,直接用快捷键"Ctrl+V"(图 4-17)。

(4) 出现名为"粘贴 ASCII 曲线数据"的对话框,在对话框中选择要加载的深度和数据对应的列以及起始行,按"确定"按钮(图 4-18)。

(5) 采用同样的方法完成其他曲线道测井数据的加载。

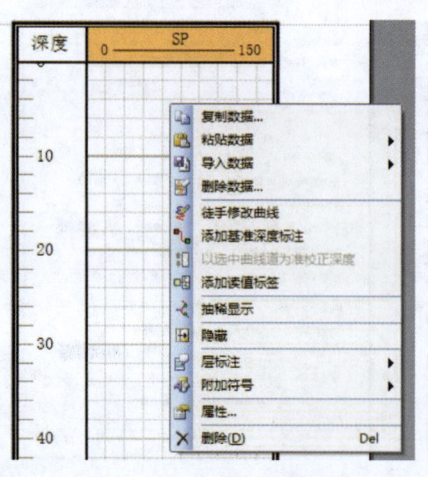

图 4-17　粘贴测井数据

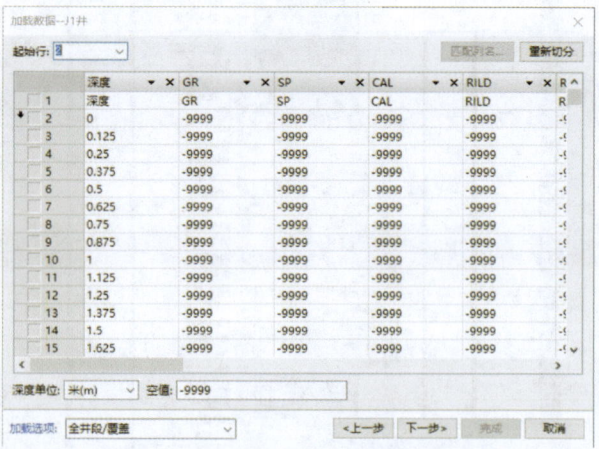

图 4-18　粘贴 ASCII 曲线数据

8. 编辑曲线道

曲线道测井数据加载完成后,常常要修改显示属性,修改方法有两种。

方法一:选中曲线道,双击鼠标左键,弹出名为"测井曲线道"的对话框(图4-19)。

方法二:选中曲线道,单击鼠标右键,弹出菜单,选"属性"命令项,同样产生名为"测井曲线道"的对话框(图4-20)。

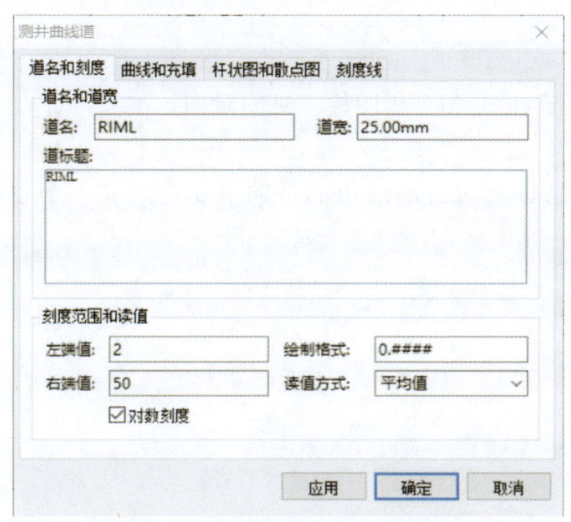

图4-19 编辑测井曲线道方法一

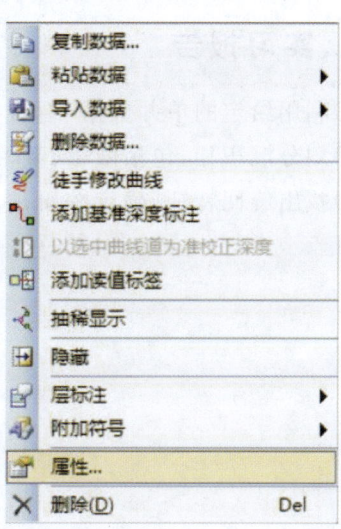

图4-20 编辑测井曲线道方法二

最后,在"编辑测井曲线道"对话框中,修改有关参数,包括曲线名称、左值、右值、刻度、线型、背景色等,再按"确定"按钮即可完成曲线属性的修改(图4-21)。

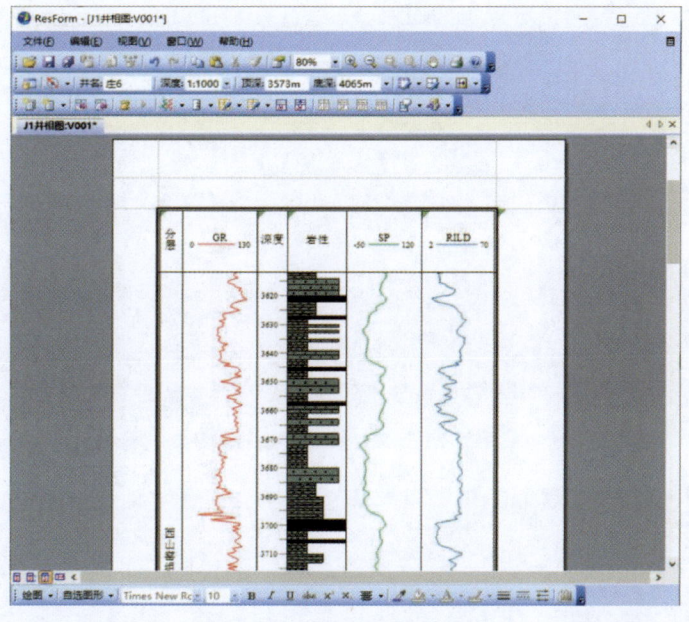

图4-21 编辑测井曲线道

9.保存文档

(1)单击"文件"菜单。

(2)选择其中的"保存"命令,或单击工具栏的"保存"按钮,显示"保存"对话框。

(3)出现对话框后,在"文件名"处输入当前剖面图的名称。

(4)单击"保存"按钮。

三、实习报告

(1)利用给定的单井数据,绘制单井相图,单井相分析图样式见附录四。

(2)划分沉积相,包括微相、亚相和相。

(3)找出旋回特征,确定关键层序界面,进而对目的层位的垂向沉积序列有一个整体的把握。

第五章　沉积剖面分析

地层剖面的沉积相和沉积环境分析实际上是对野外露头剖面(或联井剖面)资料进行沉积特征及沉积相分析,是沉积古地理研究的基础,同时也是一项复杂的工作,必须熟悉各种环境沉积的主要特征,充分利用各种成因标志资料进行综合分析,以便尽可能得出较为可靠的判断和解释。

在野外露头剖面沉积相分析中要重点考虑地层中最直观、易收集的沉积环境标志,包括岩性特征、沉积构造、古生物标志等,同时还要注意运用瓦尔特相律,分析剖面的垂向序列、时空分布及演化规律,然后与典型的沉积环境(沉积相)模式和沉积特征(鉴别标志)相对比,进而确定研究对象的沉积相(亚相、微相)类型。

通过联井地质剖面的综合分析和对比,找出层位相当的地层,把各井地质剖面联系起来,整体上认识沉积地层在纵横向上的分布与特征,其目的是建立具有等时性的各级地层格架单元。地层对比主要有以下几种方法。

1. 岩性对比法

岩性包括岩石类型、成分、结构、颜色等特征。

利用岩性或岩层组合特征进行地层划分与对比的基础在于:同一沉积盆地中,同时期形成的岩石,若沉积环境和沉积物来源基本一致,其岩石性质和岩层组合也基本一致;反之,随着沉积环境的变化,岩性和岩层组合也会发生变化。

利用岩性对比,首先应该研究在稳定沉降阶段所形成的特征明显、分布广泛的岩层,如稳定的黑色页岩,砂泥岩组合中的灰岩、白云岩等。在岩性变化大的地区,应考虑岩性、岩相变化规律,依剖面间的相对关系,并借助于其他标志,如古生物等,就可以将不同岩性的同时期沉积物对比出来。

从图 5-1 岩性对比示意图可以看出,在岩性对比工作中,首先是确定各个剖面中的标准层(即岩性特殊、岩层稳定、厚度较薄、分布广泛的岩层作为标准层),其次是依标准层将各剖面连接起来,然后再根据相似或相同的岩性段逐层进行对比。

岩性对比法只适用于具有相同地质条件的较小范围,就是限制在一定的岩性、岩相范围内。因为不同沉积盆地地质条件不同,沉积特征就不相同,缺乏对比基础。同盆地、不同地区,因沉积条件的差异,沉积物来源不同,造成沉积物的特征和成分也不一致。在盆地的边缘地区沉积物为砾岩、砂岩,而盆地中央则横向变化为细粒的黏土岩类。盆地边缘地区地层多为红色、黄色等氧化色,而盆地中央地区多为黑色、绿色、灰色等还原色。因而在使用岩性资料对比地层时,应综合多方面的资料,进行综合判断。

值得提出的是,在覆盖区岩性对比大多数是使用地球物理测井资料推断的,因为电性是岩性的反映,不同岩性剖面的测井曲线特征也不同。利用测井资料进行地层对比时,首先必须搞清岩性与电性的关系,给出各类岩性的定性解释,即在全取心井或取心井段长的井、收获率较高的井中进行全套测井,对照取心井段、井壁取心井段或岩屑,研究它们在测井曲线上反映的特征,做出定性和定量的解释,并经过多口井的研究之后,编出典型曲线图版,根据图版上各类岩性曲线特征去解释其他不取心的测井曲线,得出岩性剖面,即可以用来对比。

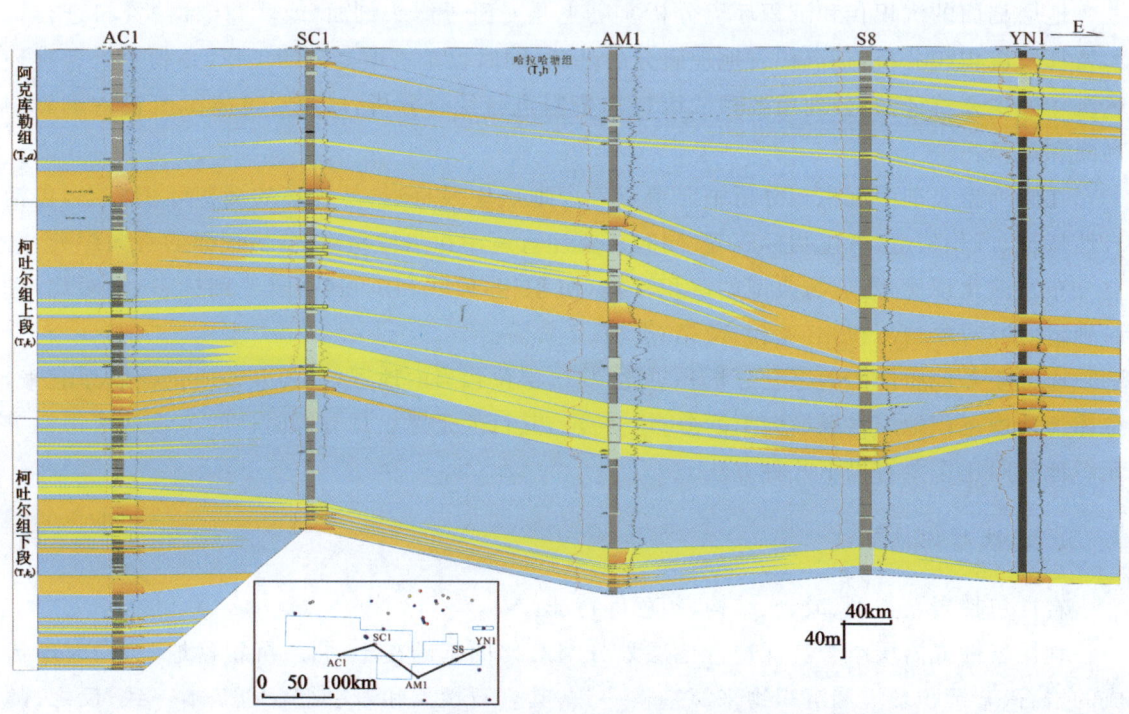

图 5-1 塔里木盆地 AC1-YN1 井沉积剖面示意图

在大的地层单位对比时,主要考虑曲线的大幅度变化和组合关系,而小的地层单位进行对比时,则主要考虑单层曲线形状、厚度、形态变化及电性的方向性升高或降低等特征。在连接相同层位时,还应考虑相邻地层电测曲线的特征,因不同地层具有相似的电性和放射性,若孤立地进行对比,会造成错误的判断。除此之外,应尽量参照岩心、岩屑、试油等第一手资料。

2. 古生物对比法

地层剖面中保存的生物化石反映了地史中的古生物群的面貌。古生物学研究成果揭示了地球上不同地质时代各种生物的分布,因此可以利用地层中古生物化石类型、化石组合及含量的不同,来鉴别地层时代和划分、对比地层。这就是古生物对比法。

在地质历史中,生物是不断演化发展的。生物演化的规律和阶段反映了自然发展阶段,生物界演化所具有的这种不可逆性和阶段性,是地史阶段的划分和确定地层相对时代的主要依据。实践证明，不同时代的地层往往含有不同种类的生物化石，如果不同地区的地层所含的化石或化石组合相同，它们的地质时代就相同或大致相同。这就是利用古生物来划分、对比地层的基本原理。常用的古生物对比方法有两种。

(1)标准化石对比法：一般利用地理上分布广泛、地史上存在时间短、演化快、标志清楚、数量多、保存较好的化石作为对比地层的主要依据，把这种化石叫做标准化石。利用标准化石划分和对比地层的方法叫标准化石对比法。

利用标准化石对比地层，方法简便、可靠，不受岩性变化的影响，可以进行大区域的对比。但是，在石油钻井的岩心、岩屑中很难得到完整的标准化石，通常只见到微体古生物化石。而单个种属符合标准条件的微体古生物化石甚少。因此，标准化石在地面地质工作中应用广泛，而在油矿地质工作中进行钻井剖面地层对比时使用受到限制。微体古生物的体积小、分布广泛，所以在钻井剖面地层对比中使用微体古生物组合效果比较好。

(2)微体古生物化石对比法：岩心和岩屑中的微体古生物化石具有个体小、数量多、种属繁多、演化快、生物群分区现象明显等特点。

微体古生物化石包括古动物、古植物，类型很多，各地区研究的重点不同。当前在我国各油区地层对比中常采用介形虫、轮藻和孢粉。

介形虫是一种个体很小（一般为 0.4~4mm）的双壳动物。它的特点是种类与数量多，演化的阶段短，分布广，在地史上延续的时间长。每个地区不同地质时期的介形虫具有独特的特征。因此，它是一种被广泛应用的分层对比标志。

3. 矿物对比法

矿物对比法是利用沉积岩中所含矿物组合及某些矿物含量的多少来进行对比的。因为同一地区的沉积物来源、搬运条件及沉积环境是近似的，其矿物组合基本不变，或在平面上呈有规律的变化。矿物对比法主要根据下列特征进行对比。

(1)矿物成分的变化：用不同矿物组合作为对比标志。

(2)矿物含量的变化：用各种矿物含量的百分数作为对比特征。

(3)特殊的标准矿物：将沉积岩中具有特殊颜色、形状的矿物作为对比标志。

在沉积岩石中，按相对密度大小，把矿物分为重矿物（相对密度大于 2.75）及轻矿物（相对密度小于 2.75）两类。按矿物成因的不同，沉积岩又分为陆源矿物、自生矿物等几类。在一定条件下均可用于地层对比，其中重矿物对比使用最广泛，因为它在指示沉积母岩的成分、沉积时水流方向等方面比一般矿物更有效。

为了提高矿物对比成效，必须正确地选择标志矿物群（即分布范围广泛，根据它的变化能清楚地划分地层的矿物群），同时要掌握剖面中各层系的矿物特征，如某地层含角闪石很多，其他层位含量很少等特征。

采用这种方法对比时，先把矿物分析的结果绘制在带岩性的柱状图上。其表示方法有两种：一种以柱线方式来表示，左边表示重矿物量筛分百分数（简称重筛百分数），右边表示矿物组合情况；另一种是以曲线来表示，将标志矿物的百分含量绘成矿物含量变化曲线（也有的将自生矿物和陆源矿物分别表示来划分地层)。其目的就是把矿物分析结果用剖面表示出来,便于分层对比。

4. 沉积旋回时比法

沉积旋回(或称沉积韵律)是指垂直地层剖面上相似岩性的岩石有规律地重复出现。

值得指出的是,沉积岩的形成,最根本的控制因素是地壳运动,绝大多数沉积旋回是由地壳周期性升降运动引起的。当地壳下降,发生水进,水体逐渐加深,就形成由粗到细的沉积;反之,当地壳上升,发生水退,水体变浅,则形成由细到粗的沉积。在同一盆地内,地壳升降运动的过程大致是相同的。因而,反映在沉积岩的旋回性质上也大致相同。地壳运动的发展是不可逆的,不同时期形成的沉积旋回可能具有相似性,但不可能完全相同,在垂直方向上每个沉积旋回是有差异的。在确定了某一剖面上的旋回特征及顺序后,便可以将其作为同一沉积盆地范围内进行地层对比的标准。

旋回的界限通常都是以水进开始部分(相当于不整合面和与之可以对比的整合面),即以粗粒沉积或间断面为界。在含油层系中,为了突出储油层,通常将连续旋回的砂岩、砾岩放在韵律的中部;开始水退部分(相当于海泛面或湖泛面)相当于岩性开始变粗层位的底界,可作为韵律的起点。

沉积旋回依其是否连续可以分为连续旋回和间断旋回。在间断旋回中,将粒度变化从下而上由粗到细的称为正旋回;反之,由细到粗的称为反旋回;顶部及底部细,中间粗的称为复合旋回。

正确地划分旋回是对比工作能否顺利进行的关键。在覆盖区,因取心井少,多数情况下利用的测井资料是 1:500 或 1:200 的标准电测资料。

剖面图以反映砂体的几何形态及其与围岩的关系为目的。剖面线位置的选择一般考虑两个方向(图 2-5),即垂直古水流方向和平行古水流方向。因而,只有在砂体图完成编制且明确了沉积体系的基本展布规律后,剖面图的位置才能最终确定。

编制剖面图时,基准线的选择非常重要,通常有 3 种方法:①以上覆标志层为基准线;②以砂质沉积物的表面为基准线;③以砂体下伏的标志层为基准线。

差异压实作用在一定程度上可能歪曲砂体原始的沉积形态,这时对于与砂体同生的标志层的识别和对比显得非常重要,可以利用同生标志层的形态来判别砂体的形态。

实习八 沉积断面图的编制

一、目的要求

掌握利用 ResForm 软件的快速建立连接关系功能对多个钻井建立连接关系,从而绘制沉积断面图。

二、实习内容和步骤

1. 新建地层对比图

(1)在任务窗格的"地层对比图"的右键菜单中,有"添加地层对比图""由单井分析图创建地层对比图"和"添加现有文档"3 个建立新文档的选项,如图 5-2 所示。

添加地层对比图:从数据服务中选择井,建立新的地层对比图,或者使用卡奔多井软件模板导入(*.sec)文档。

由单井生成对比图:从已有的单井图文档中选择井,生成新的地层对比图。

添加现有文档:从其他工区或者以往的成果中,加载已有的(*.scg)格式的地层对比图。

(2)选择"添加地层对比图",打开"创建地层对比图"的井位图对话框(图 5-3),在"名称"栏中给出地层对比剖面的名称,然后选择将要进行地层对比的井位,其中"全选"按钮表示选择所有井,如果只需其中部分井,就点击井圈(当井位被选中时,井圈变为红色)。

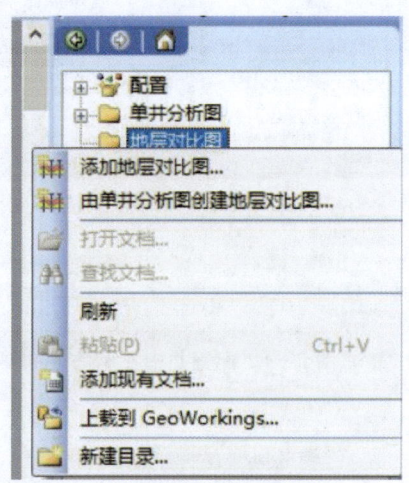

图 5-2 添加地层对比图

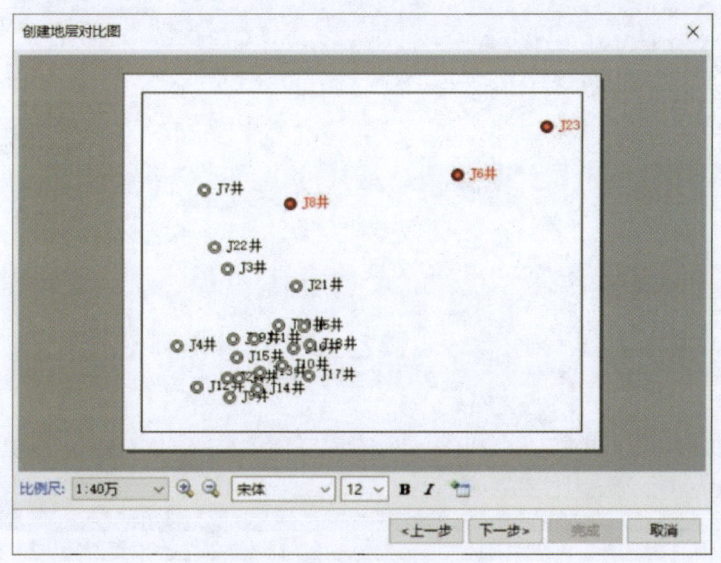

图 5-3 创建地层对比井位

(3)选择井位后,点击"下一步",弹出"配置井中显示的道和要加载的数据"对话框(图 5-4),对剖面中井框架上的数据道及其数据类型进行缺省定义。若需改变以上配置,可以用鼠标双击框内选项,或者单击右键菜单的"编辑"按钮,在弹出的对话框中,修改加载的数据类型和名称,如增加曲线道和名称(图 5-5)。

(4)编辑名称确定后,回到图5-5所示对话框。点击"下一步"按钮,保存所进行的修改后,新增一个对比文档(图5-6)。

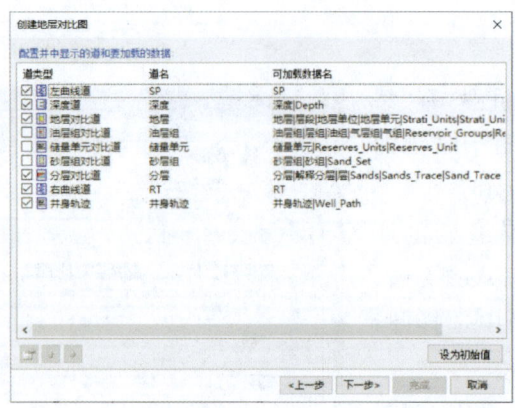

图5-4 配置井中显示的道和要添加载的数据　　图5-5 修改道名

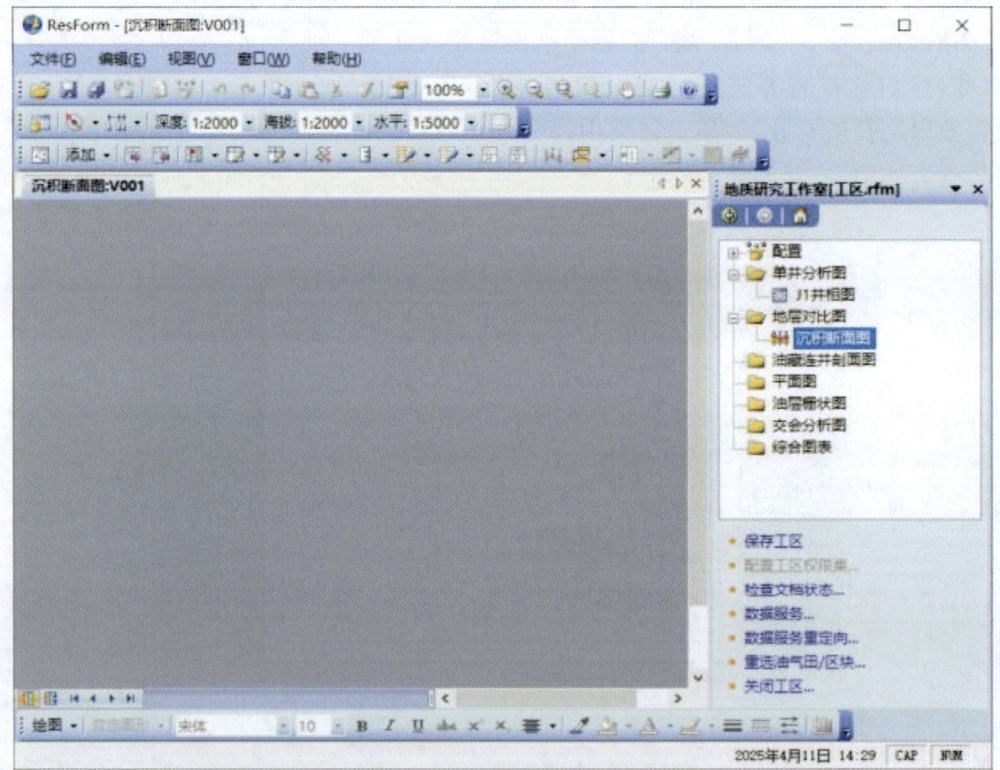

图5-6 添加地层对比文档

2. 新建地层对比剖面

(1)在工具栏中选择"添加"按钮,打开"新建剖面"对话框(图5-7),在剖面名中输入剖面的名称,然后选择剖面上的井。

(2)用鼠标在剖面向导中单击连接剖面的井位,当井位被选中时,井圈变为红色(图5-8),形成连井剖面(图5-9)。

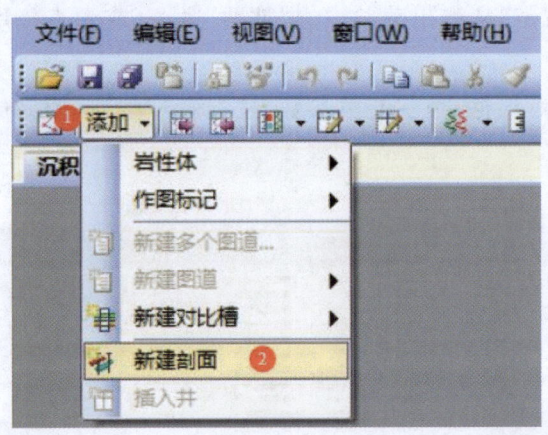

图5-7 新建剖面　　　　　　　　　图5-8 选择连井井位

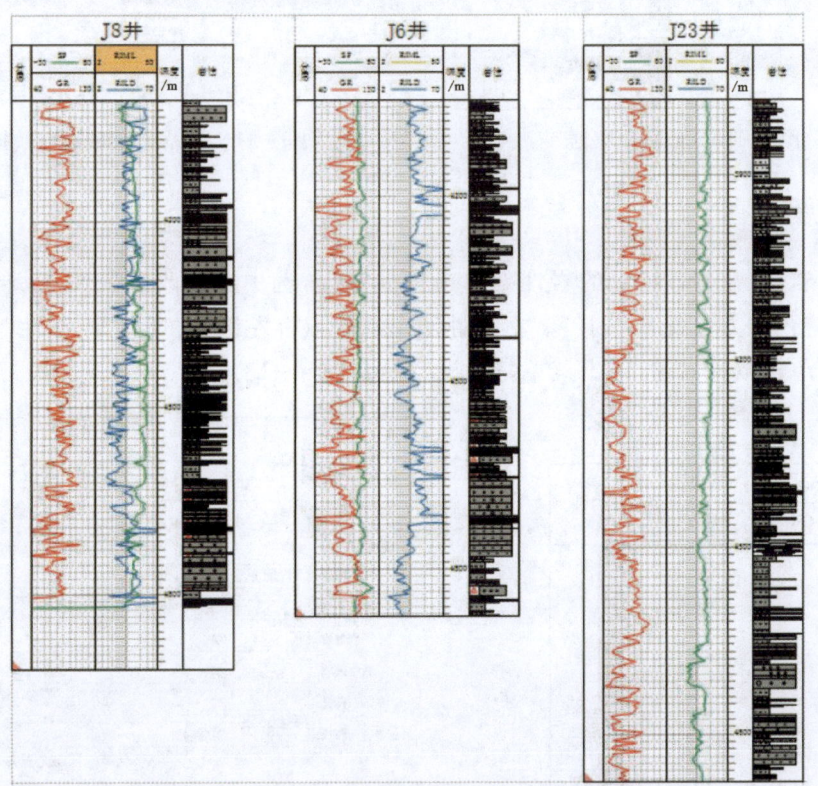

图5-9 连井剖面

3.加载岩性数据

(1)用"记事本"程序(其他数据用同样的方法加载)打开岩性描述文本文件,选中内容并复制,完成数据源的拷贝。

(2)选中井对象,新建岩性道;然后,在"道头"处单击鼠标左键选中岩性道(选中后道头会变黑)。

(3)选中岩性道后,在道头处单击鼠标右键,从弹出菜单中选"粘贴"命令(或者直接用快捷键"Ctrl+V")(图5-10)。

(4)出现名为"粘贴ASCII岩性数据"的对话框,填写有关参数,按"确定"按钮,便完成岩性数据的加载(图5-11)。

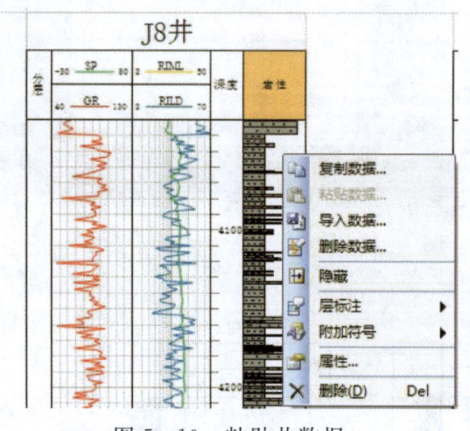

图5-10　粘贴井数据　　　　　　　图5-11　粘贴ASCII岩性数据

4.编辑岩性

(1)修改岩性:在岩性道上的岩性处单击鼠标左键,选中要修改的岩性层,岩性层的顶底界出现两个蓝色小方框(图5-12)。在岩性层上双击鼠标左键,出现名为"属性"的对话框,修改参数;也可单击鼠标右键,弹出菜单,选"设置"项(图5-13)。

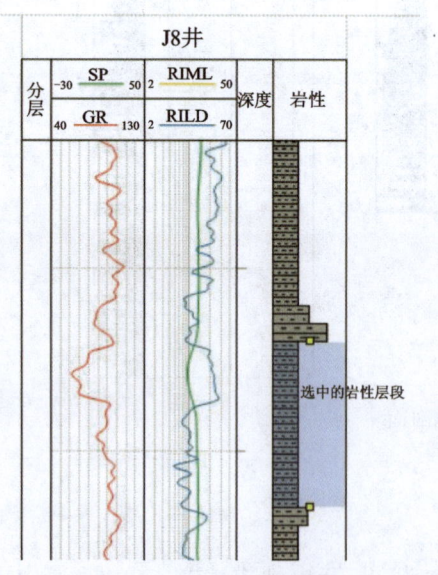
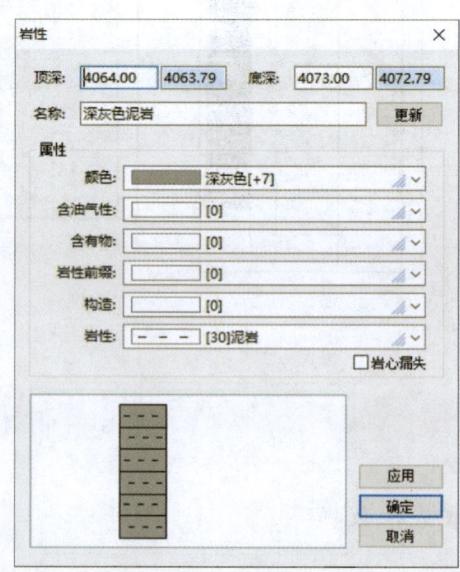

图5-12　选中岩性层段　　　　　　　图5-13　编辑岩性

另一种方法是修改岩性层厚度,步骤为:选中岩性道,在道头处单击鼠标右键,弹出菜单,选择"允许拖动层边界"命令(再次选择变为"禁止拖动层边界");用鼠标选中要修改的岩性层;将鼠标移至层顶、底界的蓝色小方框处,当光标变为上、下双向箭头时按下鼠标左键拖动,完成选中后的岩性层段厚度的修改。

(2)增加岩性:在岩性道上要增加岩性的深度处,按住鼠标左键拖动,松开鼠标后会出现"编辑岩性"的对话框。在对话框中选择参数,按"确定"按钮,完成岩性层的增加。

(3)删除岩性:选中岩性层(按 Ctrl 键可选中多个层),按 Delete 键删除;或在岩性道上,按住鼠标左键拖动,松开鼠标后选中岩性层,按 Delete 键删除;或选中岩性道,在道头处单击鼠标右键,弹出菜单,选"删除全部分层"命令,删除全部分层。

(4)编辑岩性道属性:选中岩性道;在岩性道"道头"处双击鼠标左键,产生名为"编辑岩性道"的对话框(图 5-14);在对话框中填写或选择有关参数,按"确定"按钮。

5."连接"操作

连接是在井与井之间建立关系,包括文本道与文本层段连接和分层道小层连接,操作步骤如下。

(1)在一口井的分层道上选中层对象(层的顶底界出现两个蓝色小方框表示已选中)。

(2)在层上(或当鼠标光标变为黑色空心方框时)按鼠标左键,移动鼠标便出现一直线随鼠标移动,移动鼠标至另一口井分层道要连接的层上。

(3)松开鼠标,两口井的两个层便建立连接关系(连层完毕),重复操作可删除连接关系。文本道文本层段的连接和分层道小层的连接操作相同,所不一样的是文本道文本层段连接后在两口井之间文本层段顶底界形成两条连接线(图 5-15)。

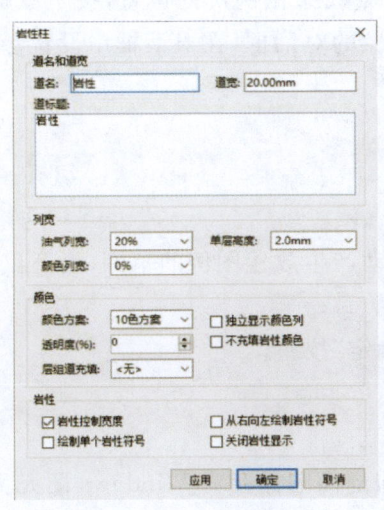

图 5-14 编辑岩性道

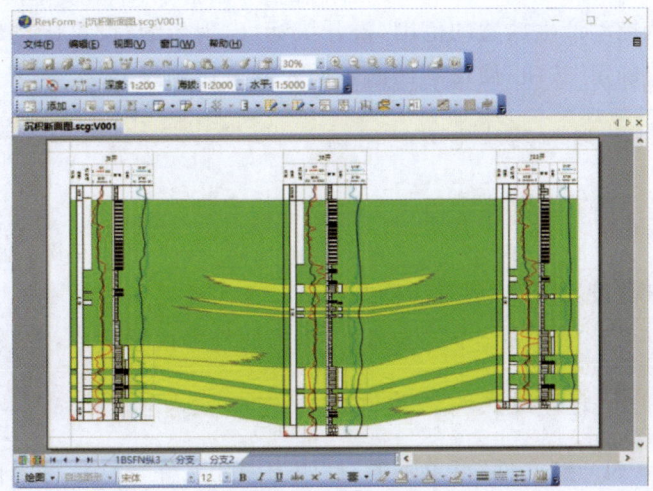

图 5-15 井间对比

6.设置层"尖灭"样式

两口井连接过程中遇到层尖灭时,可将该层进行尖灭处理,指定尖灭位置、设定尖灭样式,操作方法如下。

(1)选中层对象。

(2)在层上按下鼠标左键,移动鼠标至两口井间尖灭位置处,松开鼠标,该层在该位置处尖灭。

(3)单击对象工具条上的5个尖灭样式按钮,选择相应的尖灭样式。尖灭样式有5种,分别是缺省砂体尖灭样式、河道砂尖灭样式1(圆弧型)、河道砂尖灭样式2、坝砂尖灭样式1(圆弧型)和坝砂尖灭样式2(图5-16)。

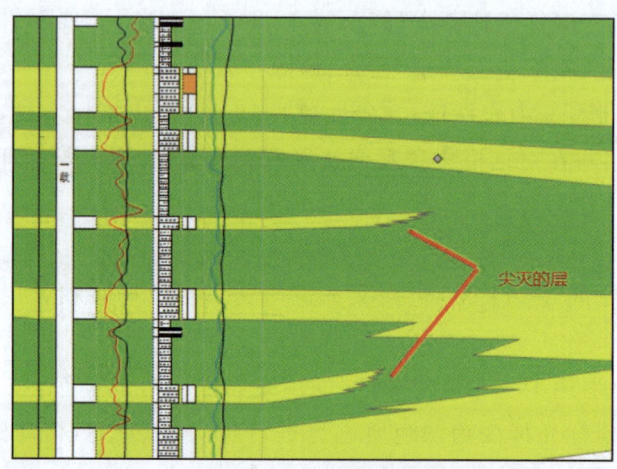

图5-16　选择尖灭方式

7. 增加线条比例尺

在工具栏上单击"插入比例尺"按钮,将鼠标移至要放置线条比例尺的位置,按下鼠标左键,拖动产生放置的范围,松开鼠标,出现名为"设置比例尺"的对话框,在对话框中设置参数,按"确定"按钮,便在剖面图上插入线条比例尺。

8. 增加层填充岩性图例

(1)在工具栏上单击"插入图例"按钮。

(2)将鼠标移至要放置图例的位置,按下鼠标左键,拖动产生放置图例的范围,松开鼠标,出现"设置图例"的对话框。

(3)在对话框中输入名称、选择属性和设置字体,按"确定"按钮。

9. 剖面图嵌入到其他文档中

(1)选"文件"菜单下的"打印为图元文件"命令,将当前剖面图保存为Windows图元文件(*.emf)。

(2)打开Microsoft Word软件(或支持Windows图元文件的其他软件),新建文档,选择菜单"图片"中的"来自文件"命令。

(3)出现对话框,选择刚才保存的 Windows 图元文件名称,按"插入"按钮,成果图便插入 Word 文档中,保存当前文档。

三、实习报告

(1)利用卡奔 BendLinkEx 软件绘制多井沉积断面图。
(2)在剖面柱状图上分析沉积相和亚相。
(3)编写实习报告,要求阐明剖面涉及的各沉积环境的主要特征。

第六章　各沉积要素的平面分析

沉积要素的平面分析通常通过等值线图进行分析,包括地层厚度等值线图、砂体厚度等值线图、含砂率等值线图、粒度参数等值线图等。地层厚度等值线图可以清楚地指示研究区内沉积时期的沉降中心,而含砂率图则为判断沉积区潮道、障壁砂坝、河道以及三角洲砂体的分布情况提供了重要依据。粒度参数等值线图是一种综合整理、研究沉积物粒度分析数据的图解,这些图件是对沉积物分区和划相的重要辅助图件。

等值线的绘制就是指对大量离散的,又具有一定规律的几何量值或物理量值,用数学的方法插值,并将具有相同量值的点信息按照它在自然界的本来意义,用计算机自动变换成图,以清晰直观地表现这些物理量的分布过程。

一、等值线的生成

等值线生成程序的理论基础是计算机图形学的空间插值理论,其基本假设是:空间位置上越靠近的点,越有可能性具有相似的特征值,而距离越远的点,其特征值相似的可能性越小,并认为这些特征值的空间变化是平滑的,且服从某种分布概率和统计稳定性关系。对于不同的应用,产生等值线的算法也不尽相同。例如有些算法适用于规则离散点信息场的等值线图生成;有的算法采用等参数插值函数的概念,适用于某些高次单元网格系统。通用的是基于线性插值原理的等值线图生成算法。

传统的利用网格点数据绘制等值线的方法有两种:一是直接在网格边上做线性插值得到等值点,然后再按一定的方位判别法连接各等值点得到等值线;二是利用已有的网格点数据对每个网格拟合一个曲面函数,然后将网格细分为若干单元,根据曲面函数的值逐网格逐单元地追踪等值线。这种方法虽然可以得到连续光滑的等值线,但实现起来极为复杂。

在可视化技术中常采用的等值线抽取算法可分为两类,即网格序列法和网格无关法。网格序列法的基本思想是按网格单元的排列顺序,逐个处理每一个单元,寻找每一单元内相应的等值线段。处理完所有单元后,就自然生成了该网格中的等值线分布。网格无关法则通过给定等值线的起始点,利用起始点附近的局部几何性质,计算等值线的下一点;然后利用计算出的新点重复计算下一点,直至达到边界区域或回到原始起始点。网格序列法按网格排列顺序逐个处理单元,这种遍历的方法效率不高,而网格无关法则是针对这一情况提出的一种高效的算法。本章就是采用网格无关法来生成等值线。

假设网格单元都是矩形,其等值线生成的主要算法步骤为:①逐个计算每一个网格单元与等值线的交点;②连接该单元内等值线的交点,生成单元内的等值线线段;③由一系列单元内的等值线线段构成该网格中的等值线。

原始的观测数据在二维空间的分布一般是不均匀的,在绘制等值线图之前,需要对观测数据进行网格化。网格化就是把以 X、Y、Z 数据文件格式表示的且通常是不规则分布的原始数据点,经过数学处理,构筑一个规则的空间矩形网格的过程。原始数据的不规则分布造成缺失数据的"空洞",网格化则用外推或内插的算法填充了这些"空洞"。常用的插值网格化方法或空间插值方法有距离倒数幂方法、双线性插值方法、克里金方法、最近邻方法等。

二、等值线的追踪

等值线可分为从边界出发到边界结束的非封闭等值线和内部封闭的等值线两种情况。等值线追踪的原理是首先从边界区域出发或内部网格的边上求得一个等值点(等值线与网格边的交点),然后从此点出发,判断下一等值点的坐标,直到下一个等值点落在区域边界上或与起始点重合,则对该条等值线的追踪就算完成。网格单元与等值线的交点计算主要计算各单元边与等值线的交点,可采用顶点判定、边上插值的方法计算;由一个等值点追踪下一个等值点,实质上是求网格内等值线的连接过程。

三、等值线光滑

在生成所有的等值点后,如果我们仅仅将单元格内的等值点依次用线连接起来,那么将会生成一幅折线式的等值线图,看起来不是很美观,若能对得到的等值线加以光滑处理,那么效果会大大提高。常用的平滑方法有很多,如样条法、B 样条法、Bezier 法、五点光滑法等。

在三次 Bezier 法、B 样条法、分段三次多项式法、五点加权平均法、重采样后平均法和张力样条函数法等几种曲线光滑的算法中,三次 Bezier 法、B 样条法、分段三次多项式法都属于比较常见的曲线光滑算法,但是计算麻烦,而且对于三次 Bezier、B 样条法来说,光滑的曲线不通过已知的结点,这在许多应用中都不允许。对于分段三次多项式,它们的光滑曲线通过已知的结点,满足实际的需求,但如果变量在空间的分布变化较大,那么可能造成相邻曲线相交。而张力样条函数法克服了这两种缺点,既通过已知的数据点,又能得到光滑的曲线,但它的缺点就是计算量特别大。

因此,基于以上原因,将光滑度分成 3 个等级,即一般光滑、中级光滑和高级光滑。根据实际的要求,提供了五点加权法作为一般光滑算法,重采样后平均法作为中级光滑算法,张力样条函数法作为高级光滑算法。虽然前两种算法精度稍逊色一些,但是算法容易理解,也容易实现。在网格较小的情况下,这两种算法达到的光滑效果也是比较令人满意的。

四、等值线充填

等值线图是数据与图像的结合,将不同的区域以不同的颜色进行区分,使数据变化趋势更明显,有利于数据分析,提高工作效率。另外,有些软件已经较好地解决了填色问题,如 Surfer 15。

首先，是改变等值线的颜色。不同属性值的等值线用不同的颜色表示，形成彩色等值线，确保属性值相同的等值线用同样的颜色。

其次，要充填等值线之间的颜色。为了更加直观地反映等值线图的数值变化及趋势，就要对相邻等值线之间的区域加以充填，使属性值不同的区域充填不同的颜色，确保属性值相同的区域充填相同的颜色，形成彩色等值线图。一张图上有 n 个属性值的等值线，则充填 $n+1$ 种颜色，属性值小于 Value i 大于 Value j($l<i<j<n$)区域各用一种颜色充填。

有关等值线区域填充算法有两种，一种是基于栅格的填充算法，另一种是基于矢量的填充算法。

(1)很多等值线图的软件均采用栅格方式来填充等值线。该算法的基本思想是在格网的基础上，把格网再细分成若干小格网，再按格网的值，以矩形色块的方式实现等值线的填充，如 GMTSimard 多波束系统、Elac 多波束系统、SeaView 等。这种算法虽然比较简单、快捷，但存在不少缺点。首先，栅格图像文件对图像的每一像素点(不管前景或背景像素)都要保存，所以其存储量特别大，填充的时间与空间效率也都比较低；其次，不便于不同比例尺图幅的输出，也不能对图像上的任一对象(曲线、文字或符号)进行属性的修改，而且在每次放大、缩小操作后，往往需要重新进行填充运算。此外，此方法只适合小比例尺、格网很密的情况，在大比例尺、格网稀的情况下会出现锯齿状多边形边界，那么填充的多边形边界就很难与实际的等值线重合。

(2)基于矢量的填充算法，也就是先对等值线图进行拓扑重建，然后基于等值线图的拓扑关系来进行填充。我们希望它能够适用于任意比例尺、任意分辨率栅格大小、任意等值线间隔的情况，而且可以自由放大、缩小等编辑操作，从而克服基于栅格的等值线填充所遇到的问题。但现有的基于矢量的填充算法也存在一些问题，如图幅的外部边界和断层边界限定不够灵活等。

五、等值线标注

所谓等值线标注就是对一幅等值线图上的全部或部分等值线进行相关处理，即将某条等值线的属性值添加在这条等值线上或它的旁边，以方便了解等值线图上每一条等值线的属性值。

为了分析等值线图，需要在等值线的合适部位写上该等值线的数值。当手工作业时我们很容易找到等值线合适的写字部位，并能保证相同等值线的注记排列整齐，字头向着最高点或最低点，但是若要计算机自动实现就显得有些复杂，因为要考虑以下两个问题。

(1)寻找位置。在一条未绘制的等值线上找到一段曲率较小、弦长大于注记宽度的线段。一般做法为：顺序选择 3 个点，计算中间点的夹角，当夹角大于 120°时，就认为该曲线段的曲率较小，适宜写字。为了避免字头倒置，选择曲线的走向位于第一象限或第四象限，写字的方向与曲线走向一致；若曲线走向位于第二象限或第三象限，则要求写字的方向与曲线走向相反。

(2)重新整理等值点顺序。因为原来提供的等值点顺序，经写字后就被分割成两部分，一条开曲线将被分成两段，原来的闭合曲线也就变成了开曲线。所以，等值线点的起点和终点都发生了变化,需要重新整理才能满足要求。一般方法为,对于开曲线,当找到写字位置后,首先输出第一段曲线,待写字完成后,再输出第二段曲线。对于原来的闭合曲线,只要找到写字位置就立即写字,最后按照开曲线的方式输出。

六、砂体图的编制

砂体图能够反映沉积体系或沉积体系域中骨架沉积物的空间分布与几何形态。在实际工作中,通常编制砂岩累积等厚线图和含砂百分率图两种图件。砂岩累积等厚线图表现所研究的等时地层单元中全部砂岩厚度总值的变化趋势。含砂百分率图表现所研究的等时地层单元中砂岩总厚度占地层总厚度的百分率变化趋势。

编制砂体图应综合利用地表露头资料、古流向资料、地下钻探资料和反射地震剖面资料。要求有足够的数据点,且分布基本均匀。

编制这类图件的前提条件是依靠标志层对研究区内的砂体进行正确的对比,要确保每个数据点的数据来自同一个编图地层单位。在统计砂岩厚度时,砂岩的粒度视研究区的具体情况而定,可以包含细砂岩、中砂岩、粗砂岩、含砾砂岩和砾岩等,应以最清晰地圈定砂体形态为目的(图6-1、图6-2)。

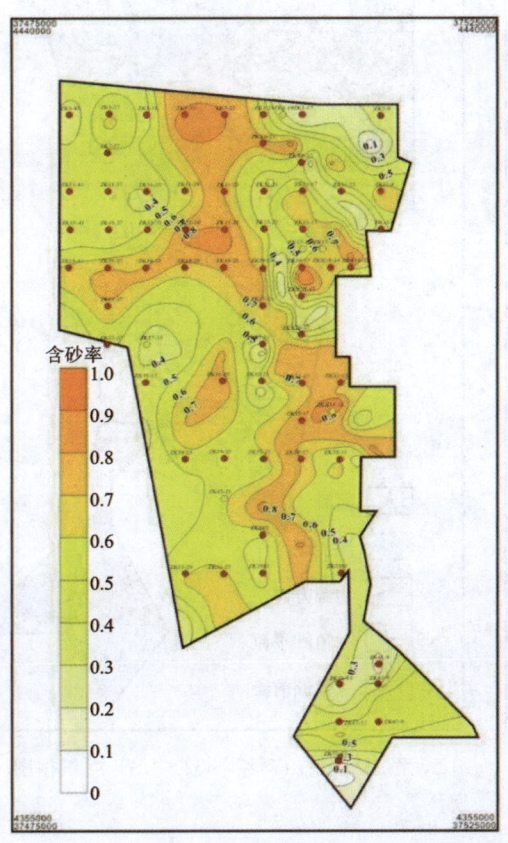
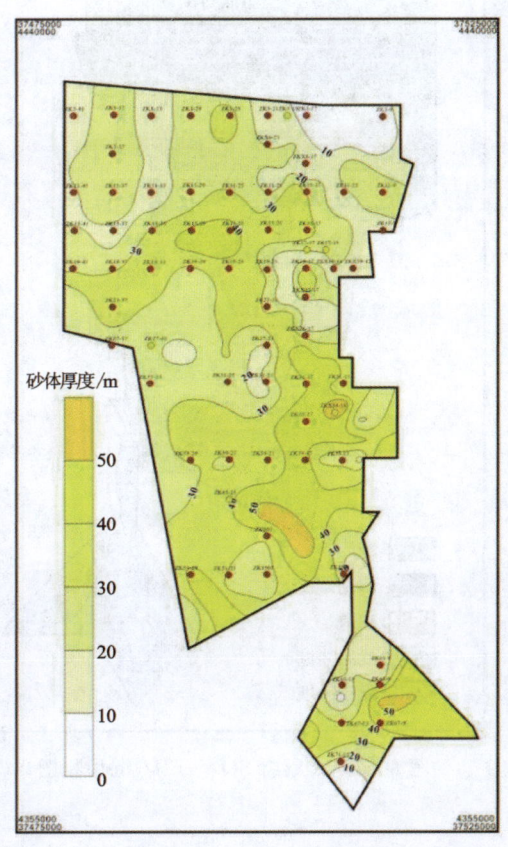

图6-1 山西组SQ2-HST含砂率等值线图　　图6-2 山西组SQ2-HST砂体厚度等值线图

七、古环境图的编制

古环境图的编制一般分为 3 个步骤。

(1)首先确定研究区骨架砂体的基本形态。砂体图和剖面图的编制是重建古地理面貌最为重要的基础部分,通常利用砂体图中厚砂体分布带或高含砂率带来解译沉积体系中(复合)骨架砂体的空间位置,相反的区域(即薄砂体分布带或低含砂率带)则是泥岩分布区域。

(2)需要了解骨架砂体的成因及空间上的成因演化,以便表明古沉积环境(沉积体系)。进行沉积体系分析首先应该回答的问题就是对沉积体系类型的判别,在一个沉积盆地中,沉积体系的类型可以横向或纵向演变,所以对同一张砂体图中不同位置骨架砂体的成因解释可能是不同的,它们在上游可能是河流的,但到下游可以演化为三角洲。同样的道理,对不同位置泥岩成因环境的标注也不同。

(3)需要用形象的符号、颜色表示不同的环境(图 6-3～图 6-6)。

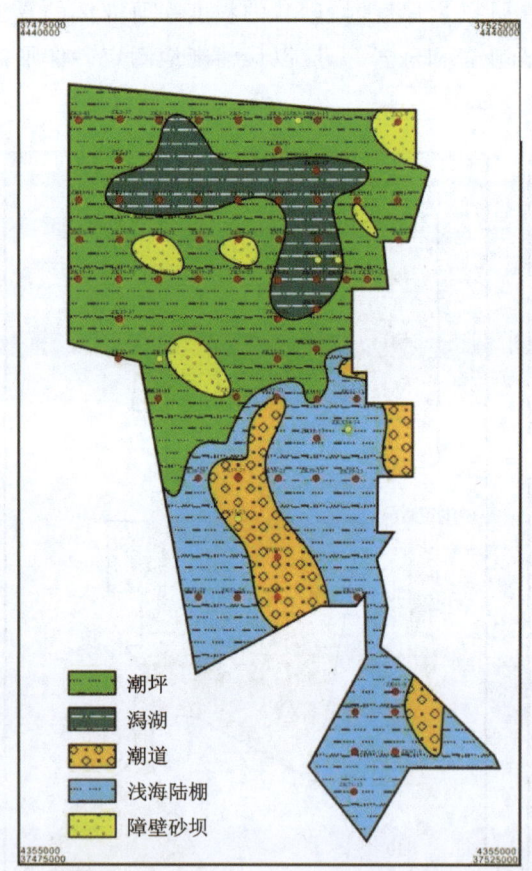 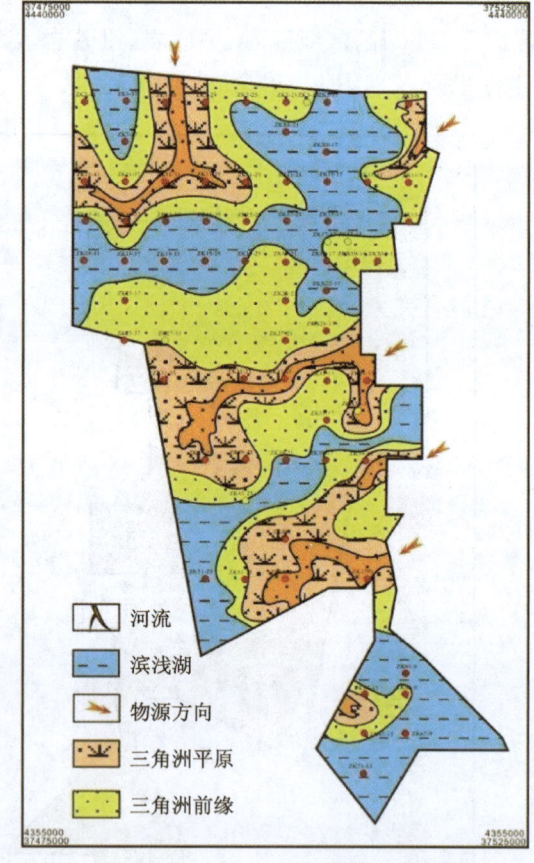

图 6-3　太原组 SQ1-EST 沉积相图　　　图 6-4　山西组 SQ2-LST 沉积相图

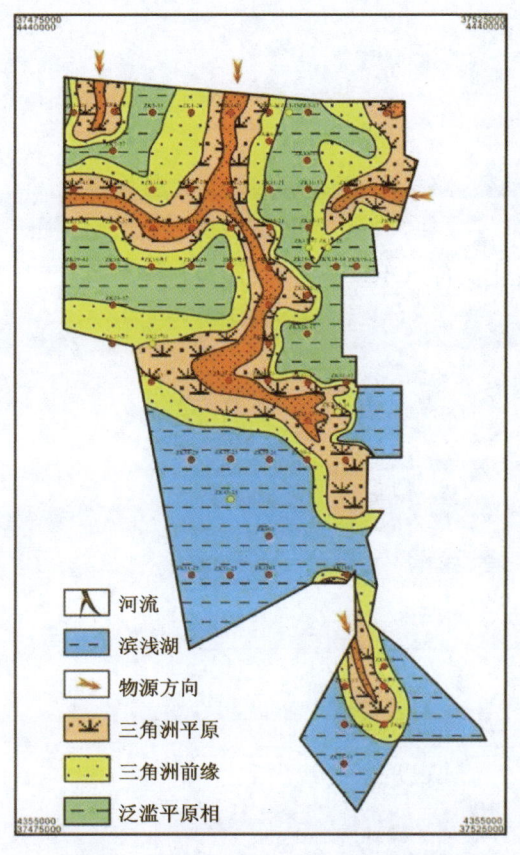

图6-5 山西组 SQ2-EST 沉积相图

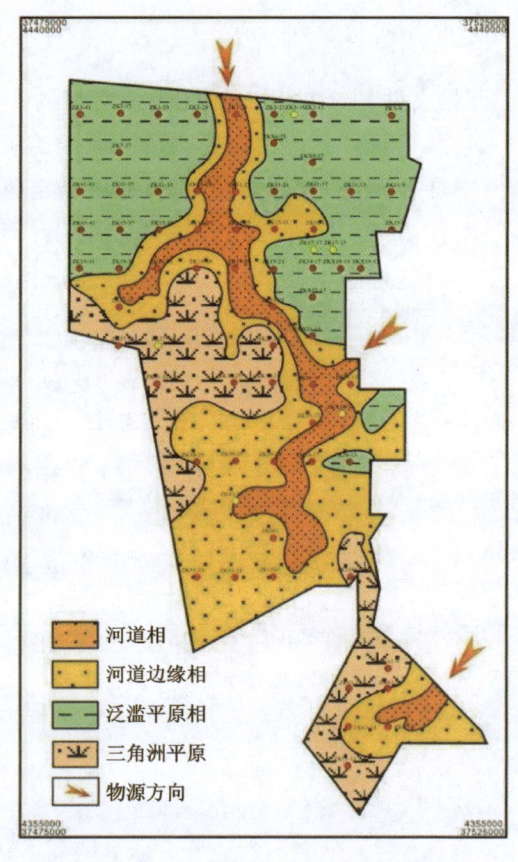

图6-6 山西组 SQ2-HST 沉积相图

实习九 等值线图的编制

一、目的要求

掌握利用 Surfer 15 软件进行等值线图的绘制。

二、实习内容和步骤

1. 数据输入

(1)启动 Surfer 软件,进入系统的初始画面。
(2)下拉"File"菜单,点击"New"命令。
(3)弹出"New Window"窗口,选 Worksheet 项,点击"OK"打开空白 Worksheet 数据表。
(4)选定"活动单元格",在"内容显示栏"直接输入提供的数据。
(5)数据输入完毕,以文件形式保存 Worksheet。

2. 生成网格文件

网格文件是绘制 Surfer 图形所必需的。
(1)从"网格"菜单中选择"数据"命令。
(2)在弹出的"打开文件"对话框中指定驱动器、路径和 Worksheet 文件名称。
(3)点击"打开"即弹出"网格化数据"对话框。
(4)设置好各项参数,点击"确认"生成网格化文件"GRD"(图 6-7)。

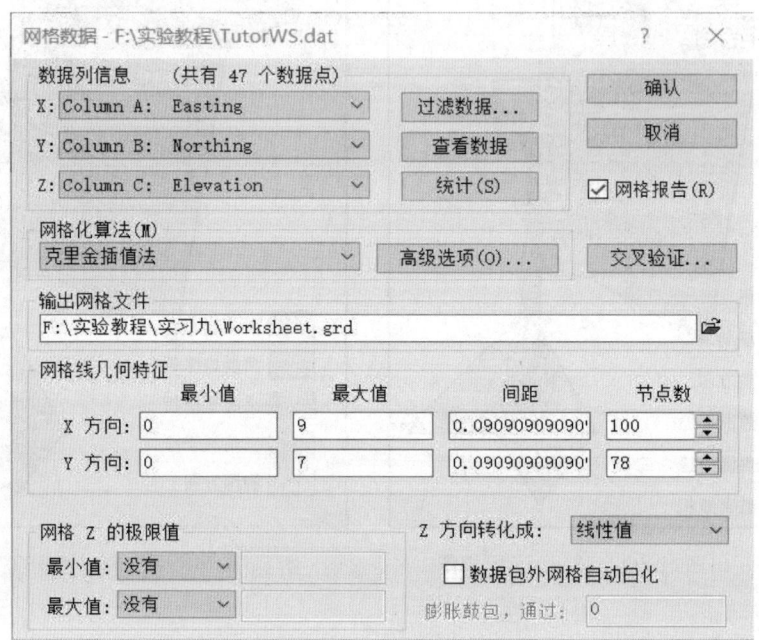

图 6-7 设置网格化参数

3. 创建等值线图

(1)从"新建图形"菜单中选择"等值线图"选项。
(2)点击"新建等值线图"命令,在弹出的"打开网格"对话框中选择刚生成的网格文件。
(3)点击"打开"即以缺省参数模式生成新的等值线图。

4. 编辑等值线图

(1)打开对象管理器:从"视图"菜单中选择"对象管理器"命令,或点击工具条中的命令按钮,在窗口左侧弹出"对象管理器"树形列表框。
(2)打开等值线属性对话框:在"对象管理器"树形列表框中,双击"等值线图-Worksheet.grd",弹出等值线的"属性管理器"对话框(图 6-8)。
(3)修改等值线属性(图 6-9):在"属性管理器"对话框的"常规"选项卡中,按下图所示选择参数,点击"应用",等值线图呈现灰度充填形式。"平滑"中的"程度"指定等值线平滑的程

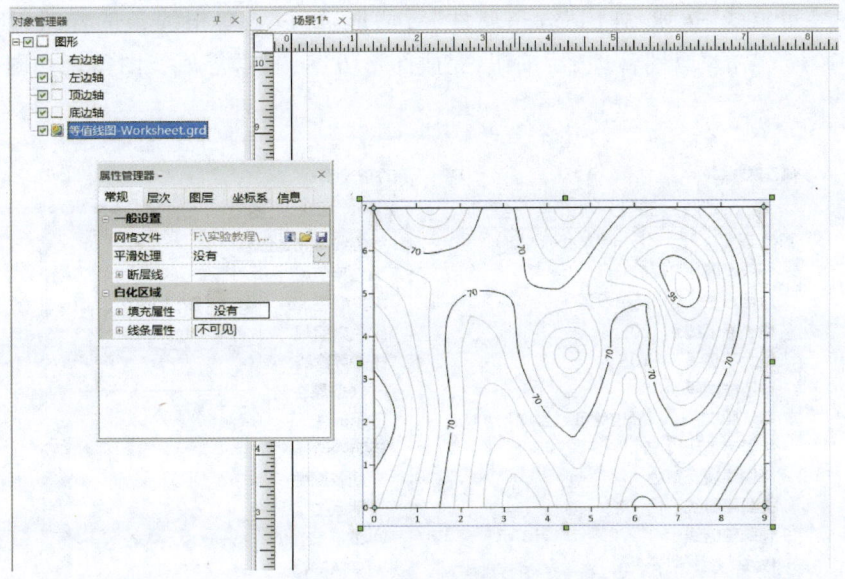

图 6-8　等值线参数修改

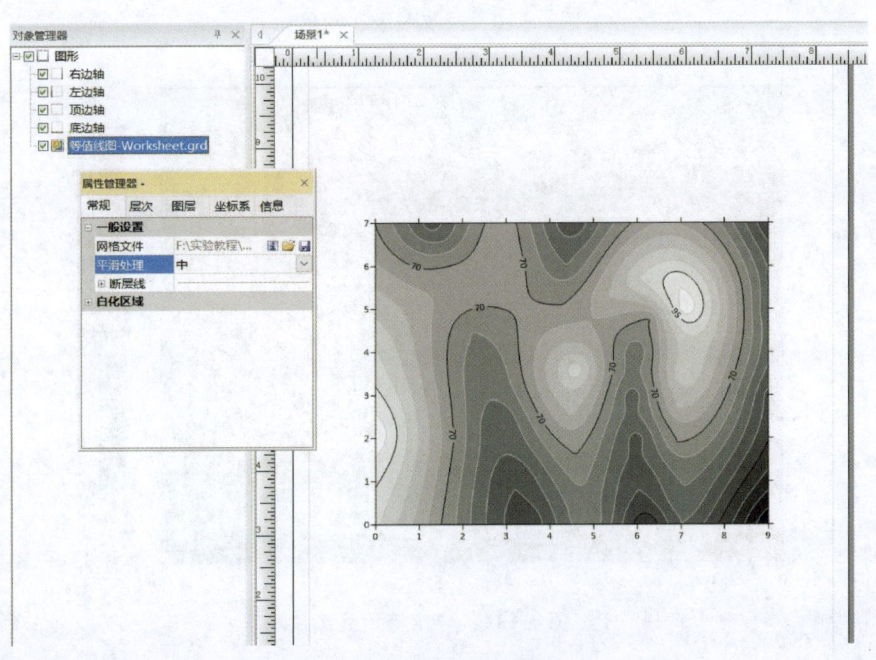

图 6-9　等值线属性修改

度,有低、中、高 3 个等级,分别代表低度平滑、中度平滑和高度平滑。当等值线在空间上过于接近时,选择高度平滑往往容易出现等值线交叉的问题。

在"属性管理器"对话框的"层次"选项卡中,可见"一般设置""等值线填充着色""主要等值线""辅助等值线""标注"等按钮。点击"一般设置"按钮,按图 6-10 所示选择参数。在等值线的设置中,间距一般取 0.1、0.2、0.25、0.5、1、2、2.5、5、10、20、25、50、100 等。等值线线型、填充、标注等按同样方式进行设置。

点击"主要等值线"按钮,弹出"线条属性"对话框,可设置单根线条的样式、颜色、粗细等属性(图6-10)。点击"属性管理器"按钮,完成图形方案调整,等值线图呈现如图6-11所示的形式。

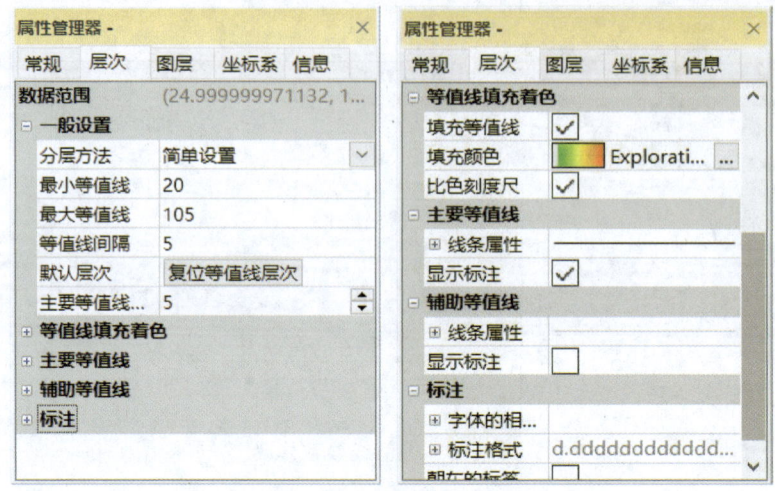

图6-10 修改等级和颜色

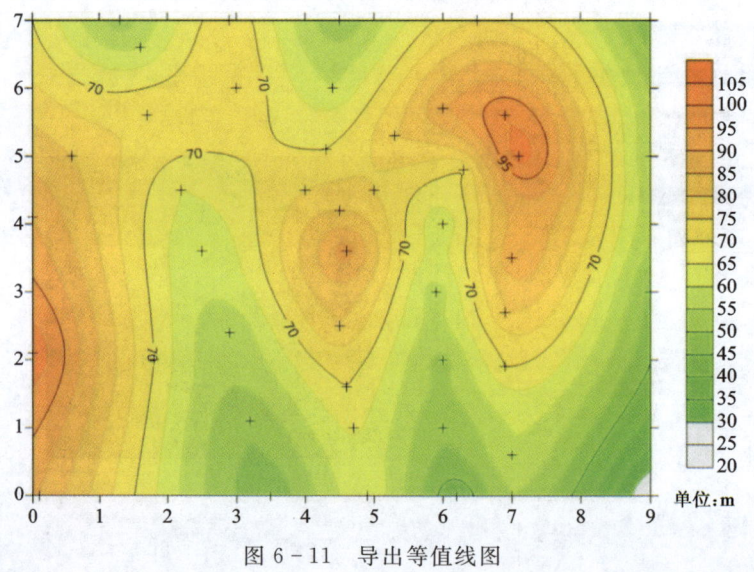

图6-11 导出等值线图

5.导出等值线图

从"File"菜单中选择"输出"命令,在弹出的"Export"对话框中指定驱动器、路径和文件名称,点击"保存"即可将图形保存为指定的文件格式。

Surfer导出的矢量文件格式常用Windows图元文件"*.wmf"、AutoCAD文件"*.dxf"和计算机图元文件"*.cgml",这些文件可用其他软件以矢量方式打开并加以编辑。

三、实习要求

(1)总结应用 Surfer 15 软件绘制等值线图的过程。
(2)要求给出中间成果和相应图形的设置参数。

四、思考题

如果数据分布于不规则区域,如何去除等值线图中不需要的部分。
提示:可应用"网格"菜单中的"白化"命令和空白文件(*.bln)对网格数据进行处理。

第三部分

沉积环境分析

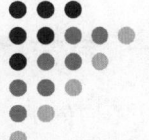

人们通常把沉积环境主要理解为一个发生沉积作用的地貌单位,如三角洲环境、海岸环境等。这样一个地貌单位具有一系列独特的物理作用、化学作用和生物作用,形成特征性的沉积。

第七章 沉积相分析

沉积相是沉积环境的产物,即沉积环境的物质表现形式。对于沉积环境的认识,在现代沉积中可以通过考察和测量解决;而对于古代沉积,则是通过相标志、垂向层序及相模式分析完成的。相标志一般包括岩性标志、沉积结构和沉积构造标志、生物标志以及地球化学标志等几个方面。

一、岩性标志

在不同的沉积环境中,特别是海相环境中,一些特殊的自生矿物具有指相意义。自生矿物是指沉积期形成的原生矿物,它们反映了沉积介质的物理化学条件,如红层代表氧化环境,海绿石代表浅海—深海环境(图7-1)。不同来源的石英具有不同的矿物特征,特别在阴极发光下更容易判别不同的源区(图7-2),因为在不同的母源区,岩石类型往往差别较大,有的源区以火成岩为主,有的源区则以沉积岩为主。

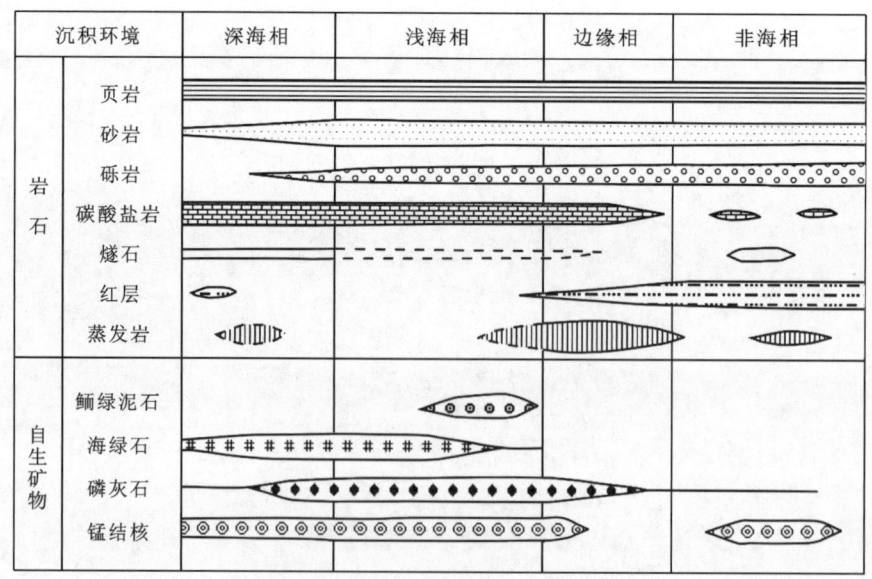

图7-1 自生矿物在现代沉积环境中的分布(据Heckel,1972)

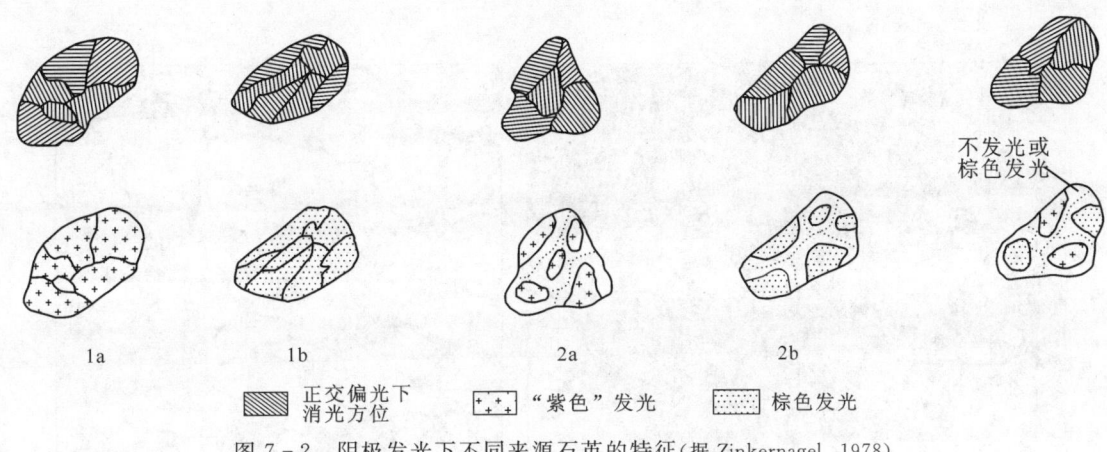

图 7-2 阴极发光下不同来源石英的特征（据 Zinkernagel，1978）
1. 源于岩浆岩的岩屑（1a. 岩浆岩；1b. 变质岩）；2. 源于沉积岩的岩屑
（2a. 岩浆岩组分；2b. 变质岩组分；2c. 岩浆岩与变质岩两种组分）

对于特定的沉积环境，尽管有时没有特殊的岩性标志，但是岩性的组合存在较大差别，这种差别可以用来判断沉积环境。垂向层序经常作为沉积相的特征组合被广泛采用，而这种垂向层序可以通过测井等手段获得（图 7-3），如小型三角洲一般以向上变粗的岩性组合为特征，在测井曲线上自然电位呈锯齿状，包络线的值向上增大。

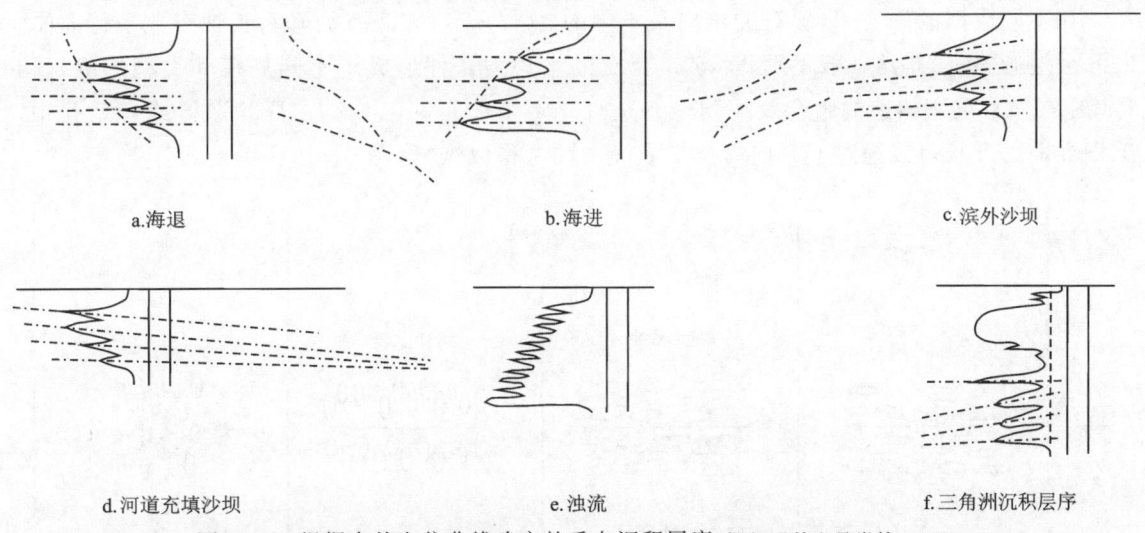

图 7-3 根据自然电位曲线确定的垂向沉积层序（据赵澄林和吴崇筠，1987）

二、沉积结构和沉积构造标志

沉积结构和沉积构造在沉积学研究中起到举足轻重的作用，利用沉积结构和沉积构造的标志，可重建流体的动力学和运动学特征。

沉积结构可以通过不同的尺度来观察，从大尺度上可以观察到基质支撑的重力流沉积，在小尺度上可以观察到基质支撑的快速堆积（图 7-4）。通过宏观和微观特征，重建沉积物堆积的水动力条件。沉积物的分选性、磨圆度、支撑类型等沉积结构是良好的沉积标志。

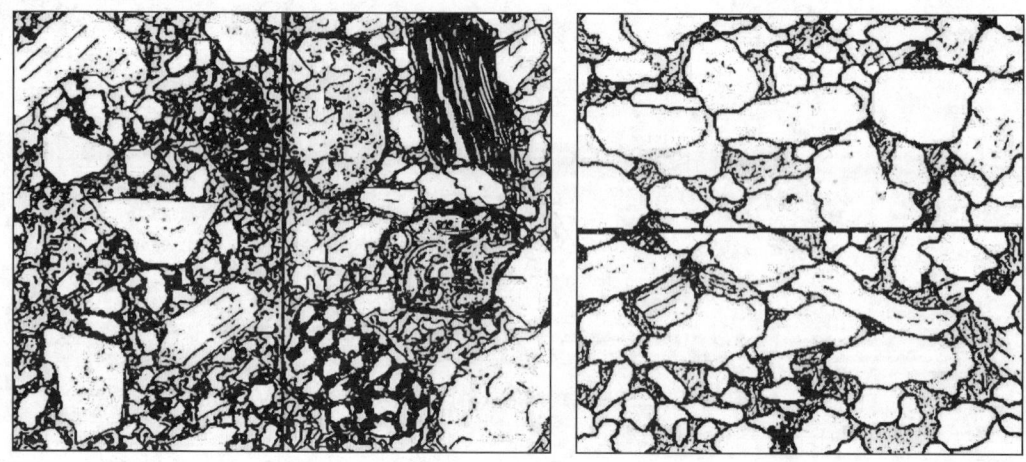

图 7-4 支撑结构及优选方位（单偏光 10×10）

沉积构造一般规模较大，多在观测现场或原位采样的柱状样品中直接进行观察和测量，现代先进的考察船还配备了 CT 扫描，非常直观地记录了层面构造的宏观特征。根据形成时间的先后，沉积构造可划分为原生沉积构造和次生沉积构造。现代沉积考察主要观测原生沉积构造。目前，原生沉积构造已经被广泛地应用于沉积环境的判别。

在不同成因的砾岩中，砾石的定向是不同的（图 7-5），如海滩的砾石长轴多数平行海岸，向海缓缓倾斜，倾斜角一般不超过 15°。特定的水动力条件形成了不同规模和类型的沉积构造（图 7-6），沉积构造的组合及序列是判别沉积环境的有利工具。在柱状取样或者钻孔中，沉积界面的产状可以通过 CT 扫描技术或倾角测井得以恢复（图 7-7）。

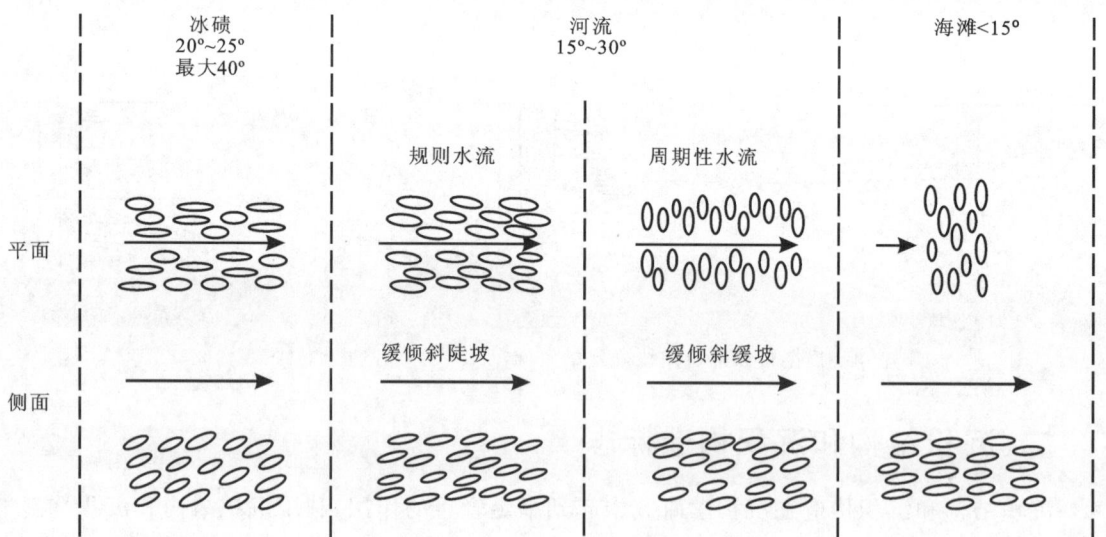

图 7-5 各种环境中的砾石方位示意图（据赵澄林和吴崇筠，1987；姜在兴，2010）

第七章 沉积相分析

沉积构造	沉积环境										
	海相			边缘相				非海相			
	盆底至陆坡	浅海浪基面附近	前三角洲	沙滩	潮坪	河口	潟湖	三角洲	河流	冲积	湖积	风积
纹理											
块状构造											
斑状构造											
水平层理											
粒序层理											
交错层理											
低角度交错层理											
中角度交错层理											
高角度交错层理											
槽状交错层理											
波痕											
槽模											
沟模											
负荷模											
滑动与流动构造											
雨痕											
泥裂											
盐晶模											
生物潜穴											

图7-6 主要沉积环境中各种沉积构造的分布（据Heckel，1972）

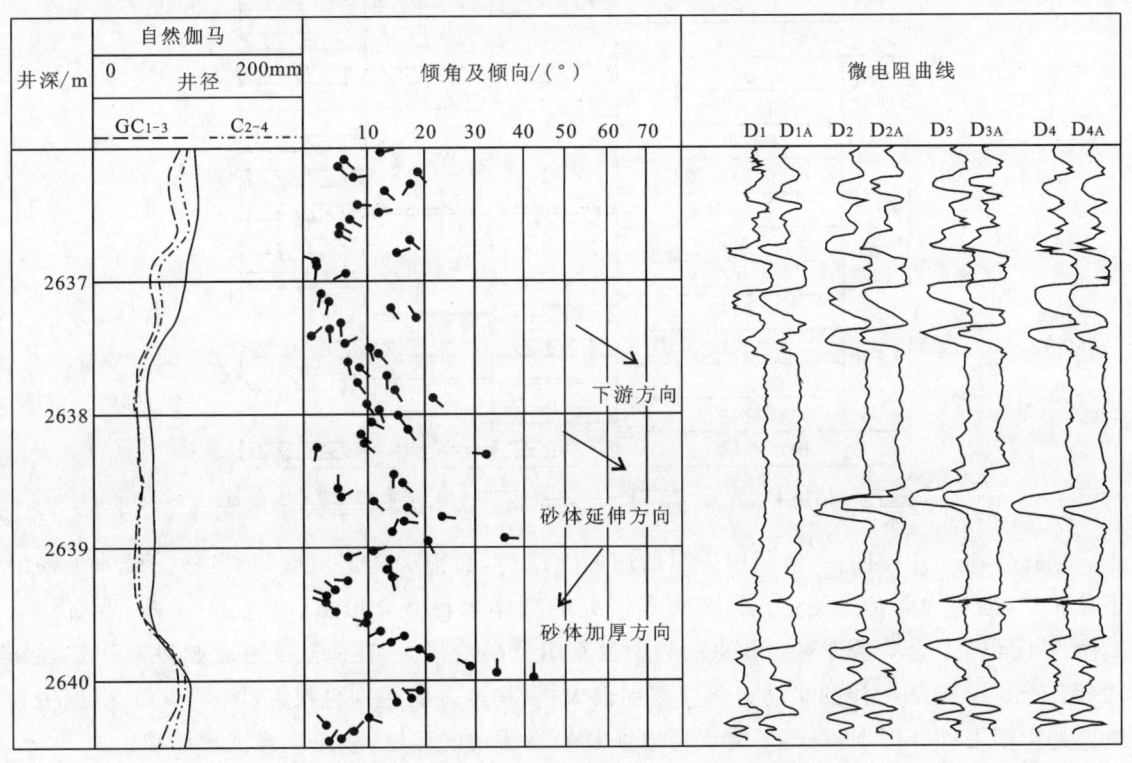

图7-7 东濮凹陷三角洲分流河道砂体倾角图

三、生物标志

生物标志包括生物骨骼、生物碎片、微体生物以及生物遗迹等用于判断沉积环境的标志。生物的生存环境是判断沉积环境的重要依据，多种生物组合可以有效地判断沉积环境（表 7-1）。

表 7-1　新生代主要化石门类的环境分布（据吴崇筠，1980）

门类			陆相	海陆过渡相	海相
原生动物	有孔虫	底栖		▭	▨
		浮游			▨
	放射虫				▨
	海绵			┈	▨
	珊瑚				▨
	苔藓虫				▨
腕足类	无绞纲			▭	▨
	有绞纲				▨
软体动物	腹足类		▨	▨	▨
	瓣鳃类		▨	▨	▨
	掘足类				▨
	头足类				▨
节肢动物	叶肢介		▨		
	介形虫		▨	▨	▨
	昆虫		▨		
	棘皮动物				▨
脊椎动物	鱼类		▨	▨	▨
	其它脊椎动物		▨		
藻类	球石鞭毛藻				▨
	硅鞭毛藻				▨
	腰鞭毛藻			▭	▨
	管藻				▨
	红藻				▨
	轮藻		▨	▭	
	硅藻		▨	▨	▨
	甲藻		▨	▨	
高等植物			▨		
孢子花粉			▨	▭	

▨ 分布的主要环境　▭ 分布较少　□ 分布少见　┈ 分布罕见

根据生物碎片特征，一般仅能定出所属的大门类，而很少能定出属、种名称。微体生物由于分布广、数量大而备受关注。目前重点研究的微体生物有介形虫、有孔虫、硅藻、颗石藻等类型。不同的水介质条件对有孔虫的类型及其组合影响很大，在海陆交互处盐度起决定性作用（图 7-8）。由于海洋的水动力条件差别很大，生物遗迹的差别也很大（图 7-9）。根据生物遗迹的生活习性和形态特征，研究者可以恢复生物活动的环境，从而重建沉积环境。

第七章 沉积相分析

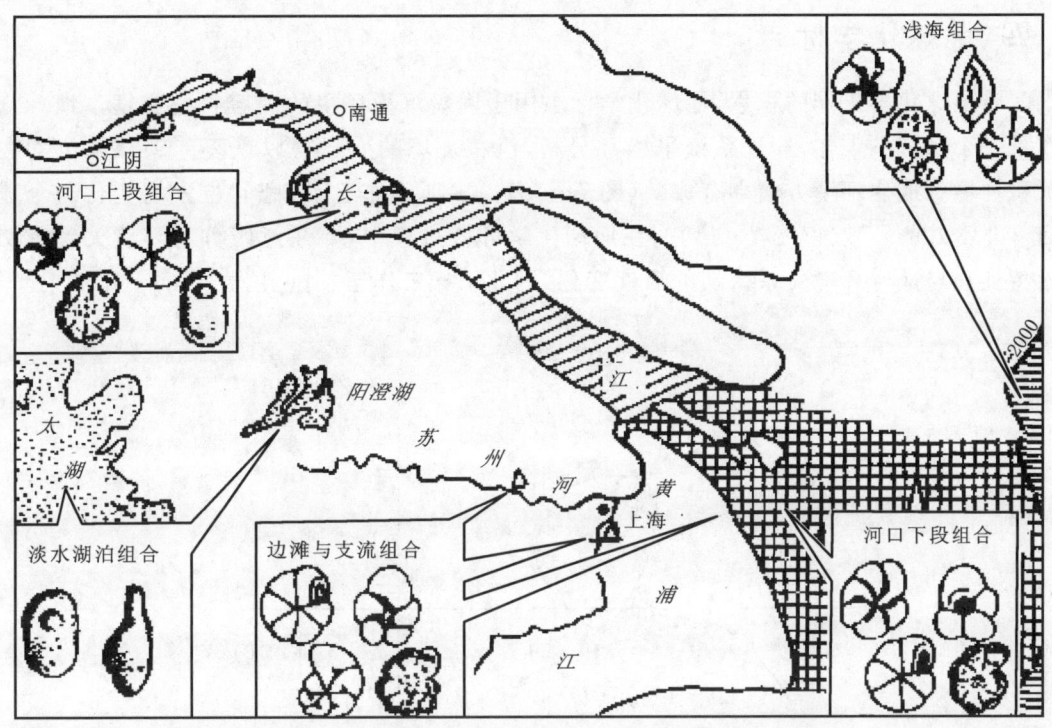

图 7-8　长江口有孔虫组合分布示意图（据汪品先等，1980）

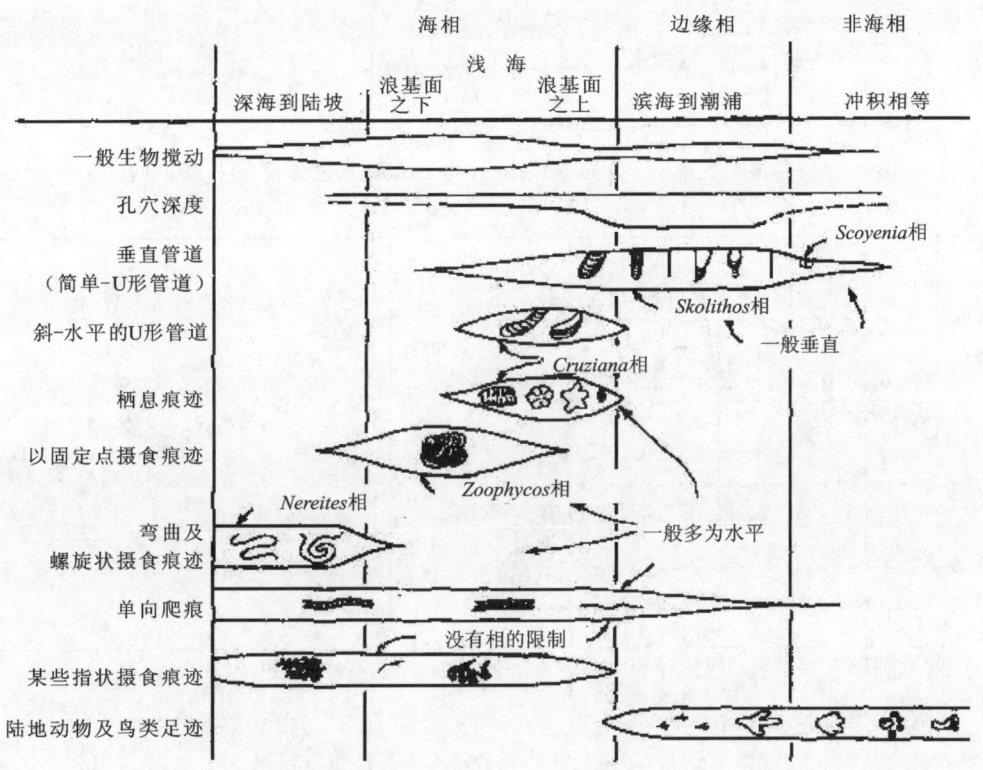

图 7-9　遗迹化石与沉积环境的关系（据 Seilaher，1967；Heckel，1972）

四、地球化学标志

随着地球化学工作的积累,地球化学标志用于判断沉积环境的内容日益丰富。地球化学工作是一个系统的工作,经过系统采样和分析,沉积环境的变迁得以恢复。碳氧同位素在判断沉积环境和成岩环境方面卓有成效(图7-10)。多项工作显示,锶同位素的变化与全球海平面有非常好的一致性(图7-11)。在地球化学分析过程中,要注意区分与环境关系密切的原始特征和与成岩环境关系密切的后期变化,因此采样工作至关重要。

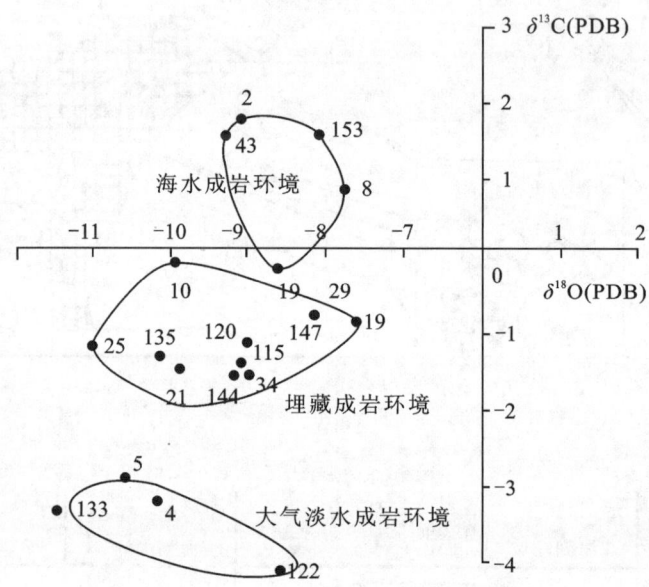

图7-10 鄂尔多斯盆地C-O同位素特征与沉积成岩环境的关系(据陈荣坤,1994)

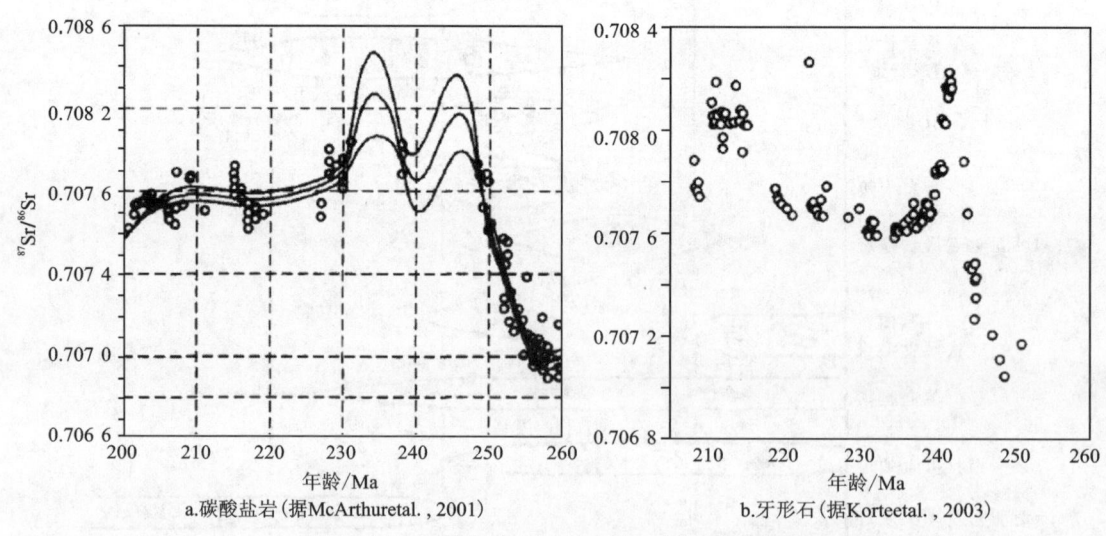

a.碳酸盐岩(据McArthur et al.,2001)　　b.牙形石(据Korte et al.,2003)

图7-11 二叠纪末—三叠纪海水锶同位素组成

实习十 沉积相分析(古环境分析)

一、实习目的

(1)运用相标志进行沉积相分析。
(2)掌握地层对比的原则、要求。
(3)掌握瓦尔特相律在剖面相分析中的使用和意义。
(4)分析沉积相、沉积体系在三维剖面的配置和空间展布。

二、实习内容

本实习将提供3种资料,沉积学常用图例见附录五。
(1)提供山西中部晋祠组沉积柱状对比图(图7-12),实习报告需要对该剖面进行沉积相和沉积体系分析。

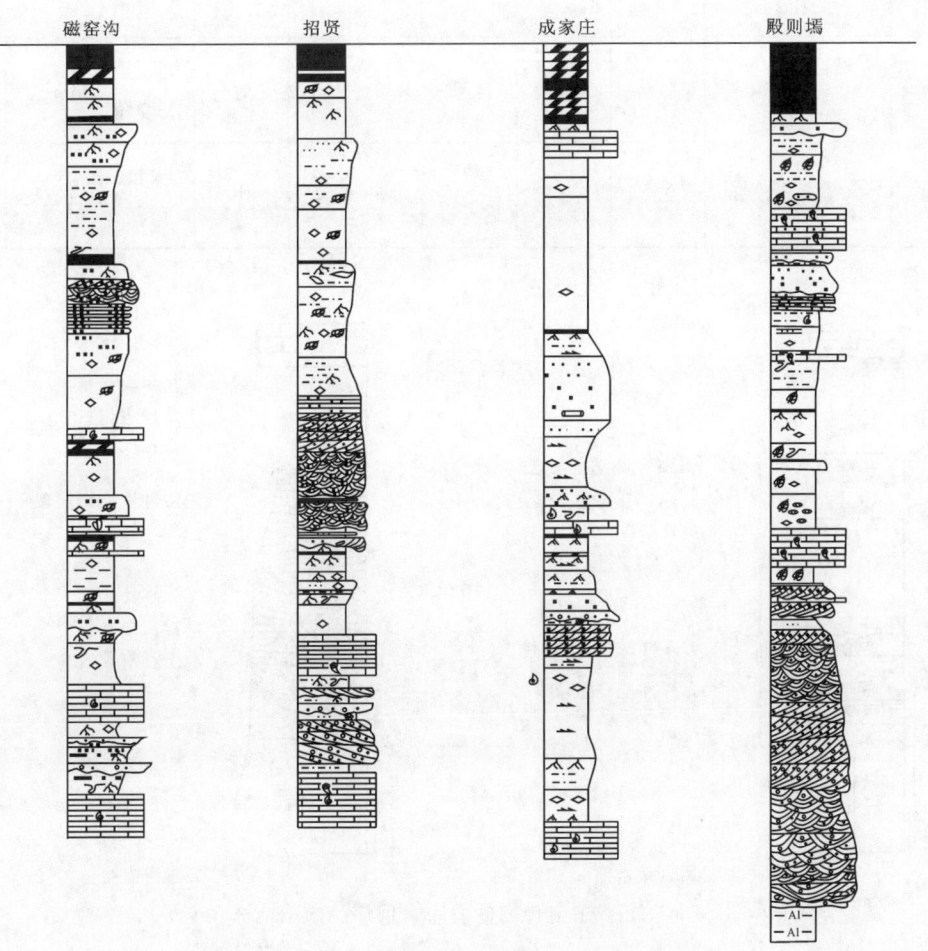

图7-12 山西中部晋祠组沉积柱状对比图

注:图例见附录五。

(2) 提供周边的部分相关资料(表7-2,图7-13～图7-15)。需要注意的是,在大的区域范围内,沉积相是可以变化的,甚至沉积体系也迥然不同。

(3) 提供了潮坪沉积体系和海滩沉积体系的典型沉积层序(图7-16、图7-17),主要供实习时参考。

表7-2 毛则渠矿区晋祠砂岩的矿物成分及结构特征

矿物成分含量/%				杂基含量	胶结物	结构			成熟度	
石英	燧石	云母	重矿物			粒径/mm	分选性	磨圆度	矿物	结构
99.5	0.3	0.2	0	0	硅质	2～0.05	具双众数	次圆至次棱角	极成熟	极成熟
99.5	0	0.2	0.3	3	钙质硅质	0.8～0.05	中	次棱角至次圆	极成熟	极成熟
98.5	0	1.5	0	3	硅质	0.2～0.05	好	次圆至次棱角	极成熟	极成熟
97.0	0	2.5	0.5	5	硅质	0.2～0.05	好	次圆至次棱角	极成熟	极成熟
96.0	0	3.2	0.8	10	钙质黏土质	0.5～0.05	中	次棱角状	极成熟	准成熟

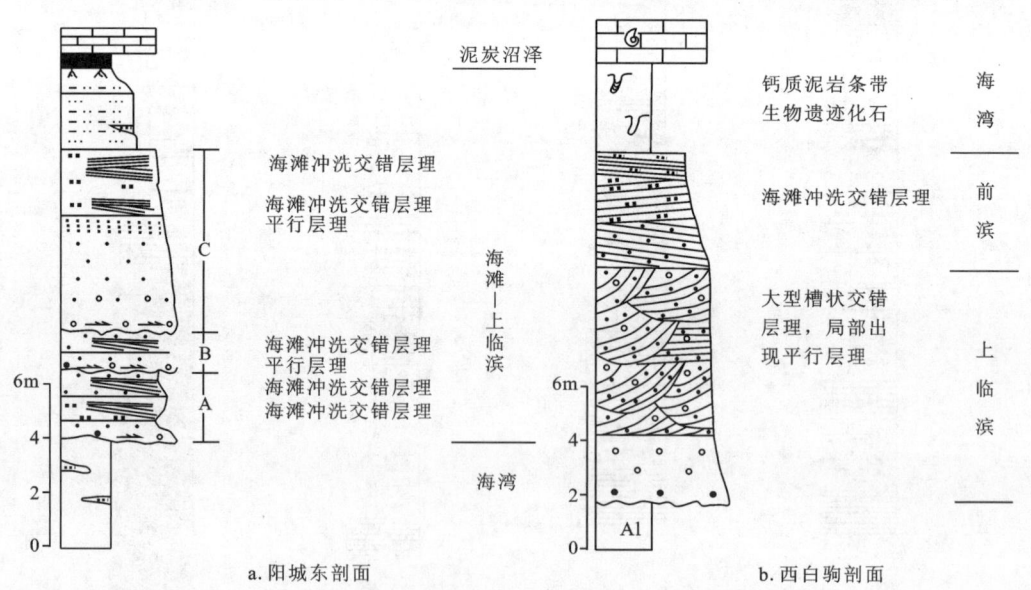

a. 阳城东剖面　　　　　　　　　b. 西白驹剖面

图7-13　晋东南晋祠砂岩垂直层序(据陈钟惠等,1993)

第七章 沉积相分析

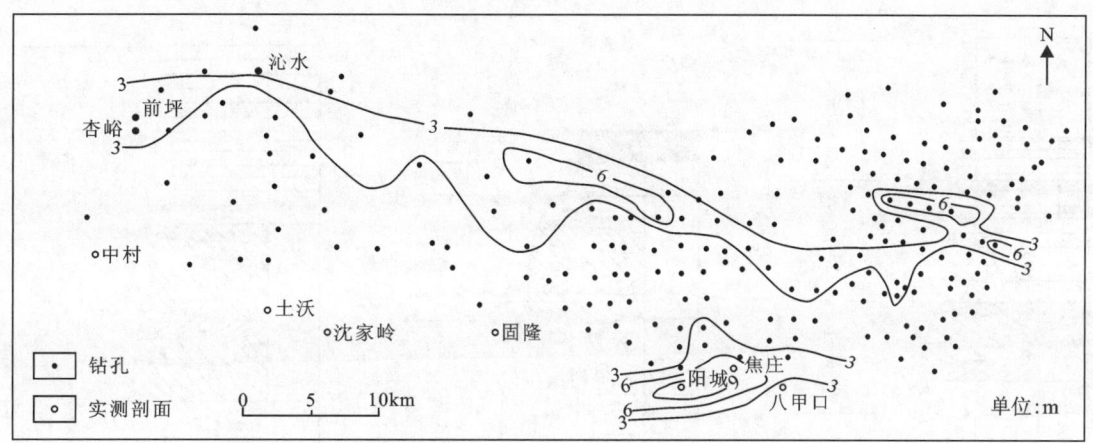

图 7-14 沁水煤田南缘晋祠砂岩等厚线图（据陈钟惠等，1993）

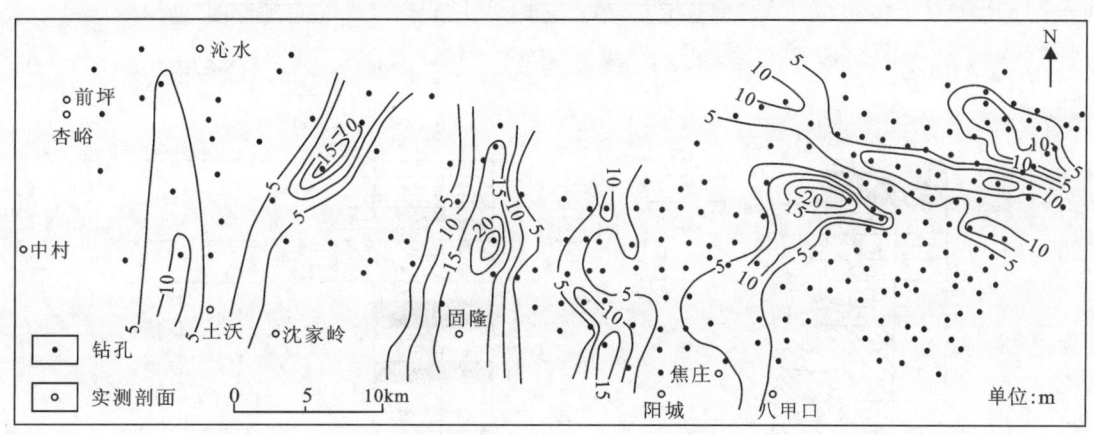

图 7-15 沁水煤田南缘七里沟砂岩等厚线图（据陈钟惠等，1993）

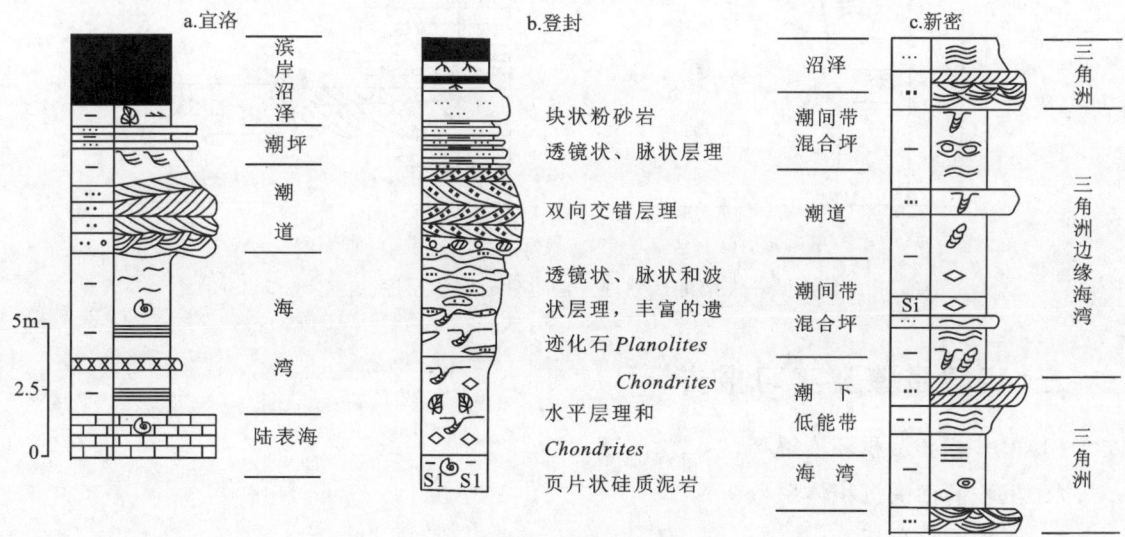

图 7-16 各类海湾充填序列（据陈钟惠等，1993）

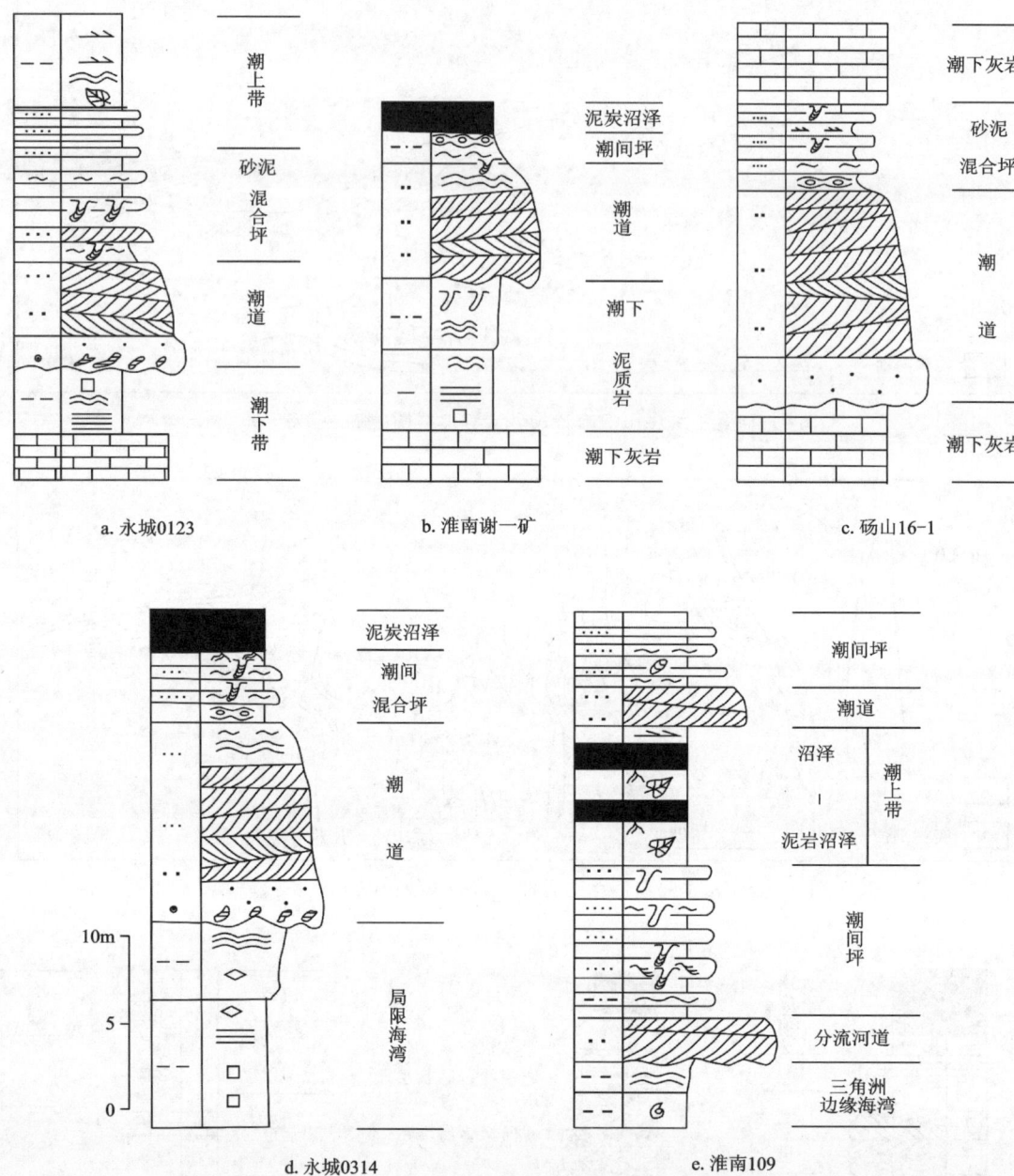

图 7-17 永城—淮南地区潮坪—潮道砂岩沉积层序（据陈钟惠等，1993）

三、实习步骤及实习报告

(1) 单井相和沉积环境解释。

(2) 沉积断面的沉积体系分析。

(3) 沉积演化分析。

(4) 编写沉积环境分析报告。

实习十一 沉积相分析（现代环境分析）

一、实习目的

(1)观察分析现代沉积物的相标志。
(2)学习沉积现象的素描技术。
(3)运用相标志进行沉积相分析。
(4)综合分析特殊沉积相可能的沉积事件。
(5)根据垂向层序分析沉积演化规律，并与区域对比，推断可能的演化机制。

二、背景资料

揭片取自江苏北部沿海弶港附近岸滩上的潮坪环境，该潮坪宽达15～27km，岸外有大面积的辐射沙洲。由于潮坪各相带所处的水动力条件不同，相应的其沉积物结构、构造、生物组合、物质成分和地球化学特征均有明显差异。在野外现场，沉积物的结构构造是识别沉积相的主要依据，据此可以初步将该潮坪划分为潮上带、潮间带、潮下带和潮沟相（张国栋等，1984）（表7-3）。

1. 潮上带

因人工筑堤，滩面保存不完整，堤外潮上带仅出露2～4km宽。该带只有大潮时才被短暂的海水淹没，沉积以中—细粒粉砂为主的悬浮物质。主要沉积构造为水平纹理、泥裂和雨痕等；在特大风暴潮作用下可形成许多风暴成因的粉砂层，厚3～5cm不等，层内局部见贝壳层分布；另见氧化铁膜围绕植物根系形成的"管状构造"。

2. 潮间带

根据潮水位覆盖程度和水动力条件，潮间带可分为高潮坪、中潮坪和低潮坪。
(1)高潮坪：仅在高潮时才被淹没于水下并沉积悬浮质，以中—粗粉砂为主。在浅水条件下，层面发育小型不对称的浪成波痕、小型流水波痕和各种小型干涉波痕。垂向剖面的上部为水平层理、波状层理，下部为透镜状层理。
(2)中潮坪：滩面宽达10km以上，约有一半时间淹没于水下，水体渐深，流速增大。不对称的浪成波痕更大，弯曲-链状流水波痕增多，水流方向多变，出现各种干涉波痕。底床载荷与悬浮载荷并存，具透镜状—波状—脉状交互的潮汐层理特征，夹风暴潮沉积性质的厚层以及小型羽状交错层理。
(3)低潮坪：大部分时间被淹，潮流流速大且受波浪的影响也大，以底床载荷为主。大型砂波波痕、流水波痕上叠加小型波痕。常见大型羽状交错层理和再作用面构造。

表 7-3 弶港潮坪垂向剖面特征（据张国栋等，1984）

相带		剖面	粒度分析	组成物质	沉积构造	有孔虫	重矿物
潮上带			$Mz=5.43$ $\delta=1.62$ $S_K=0.32$	黄褐色粉砂，中部见厚4~5cm含贝壳粉砂岩，下部多见氧化铁薄膜层	以水平纹理、波状纹理为主，夹些风暴层和贝壳粉砂层。植物根系发育，生物扰动较强	主要为卷转虫、花朵虫、九字虫和希望虫，次为面颊虫等	主要重矿物有绿帘石、角闪石和赤铁矿、褐铁矿，次为石榴子石、锆石等。重矿物的总含量由潮上带到潮下带逐渐增大。其中，稳定重矿物如石榴子石、锆石等丰度向潮下带逐渐增大
潮间带	高潮坪		$Mz=5.37$ $\delta=1.43$ $S_K=0.30$	浅黄色—浅青灰色粗粉砂。矿物成分中石英占90%左右，次为长石、云母	上部以水平—波状层理为主，下部为透镜状—脉状层理，局部见小型槽状交错层理。潜穴较多，生物扰动较强	主要为卷转虫、希望虫、花朵虫、箭头虫，次为九字虫、球室刺房虫、五块虫等	
	中潮坪		$Mz=4.37$ $\delta=0.99$ $S_K=0.81$	青灰色细—粗粉砂，细砂含量为30%，受潮沟影响细砂高达90%；矿物成分中石英占90%以上，其次为长石和云母	以波状—脉状—透镜状层理，以薄纹层与厚纹层交互成层为主。潮沟沉积中形成纵向交错层理、槽状交错层理和爬升层理、槽状交错层理和爬升层理、包卷层理等。潜穴较少、生物扰动减弱		
			$Mz=3.58$ $\delta=0.95$ $S_K=0.40$	上部青灰色细粉砂，下部青灰色粉砂质细砂，底部见含泥砾细砂，矿物成分中石英占95%以上	以潮沟沉积为主，粒级呈正韵律性，底部见冲刷面、泥砾，向上为平行层理，见大型槽状交错层理和再作用面构造		
	低潮坪		$Mz=4.3$ $\delta=0.43$ $S_K=0.02$	青灰色细粉砂，细砂含量达80%以上，黏土质含量低于1%。矿物成分中石英高达95%~97%以上	几乎全为潮沟沉积，主要为大型双向交错层理，羽状交错层理和大型板状—槽状交错层理	主要为卷转虫、希望虫、奈良小上口虫，次为花朵虫等	
潮下带			$Mz=3.05$ $\delta=0.51$ $S_K=0.16$				

注：图例见附录五。

3. 潮下带

潮下带始终被水淹没，水深浪急，发育大型波痕和大型羽状交错层理。

4.潮沟

从沟底向侧翼边滩,潮沟依次出现新月型波痕、舌状-链状波痕和直脊波痕。垂向上,底部为冲刷面和滞留物沉积,下部发育平行层理、板状—槽状交错层理、羽状交错层理等沉积构造。中上部出现爬升层理、波状层理,并见揉皱构造和滑塌构造等。潮沟横向迁移频繁,可能由风暴潮所致。

三、实习内容

本实习分为以下 3 个环节。

(1)观察:本实验提供了一系列的揭片(图 7-18~图 7-21),详细观察各揭片的沉积物颜色、粒度、沉积构造、生物遗迹以及层间的接触关系,比较各揭片所揭示的沉积环境间的关系,分析水动力条件、沉积环境以及沉积演化,分析可能的沉积事件。

(2)素描:素描的重点是沉积构造、接触关系、生物遗迹等,注意通过颜色深浅和点线结合来表现沉积物的粒度、结构、构造及接触关系。与景观素描不同的是,本次素描需要体现沉积学的内容。

(3)分析:包括水动力学分析和沉积环境分析。水动力学分析的主要依据是沉积物的粒

图 7-18 潮汐层理及双黏土层

图 7-19 竹叶状砾岩层

图 7-20 爬升层理及潮汐层理

图 7-21 变形层理及羽状交错层理

度、结构、构造、粒序及接触关系。沉积环境主要是所处的沉积相带、突发事件以及沉积环境的演替,推断其控制因素,主要是物源补给和相对的海平面变化。

四、实习步骤及实习报告

(1)提供一张详细的沉积素描,要求表现主要的沉积特征,尤其是沉积构造及其在垂向上的演化,对各种沉积构造有比较明确的分层,素描图的要素要完整,包括图名、比例尺、剖面方位(如果不清楚,也应标注涨潮方向)以及分层。

(2)对各分层进行沉积特征描述,包括颜色、结构、构造、生物类型或遗迹、接触关系等,尤其是沉积构造需要重点描述。

(3)进行沉积动力学分析。根据沉积物粒度和沉积构造,推断可能的水动力条件。

(4)判断各层的沉积相带,分析沉积演化,判断海平面升降变化。

(5)注意全面观察、分析该研究区的所有揭片,分析是否存在特殊的沉积事件。

第八章 沉积体系分析

沉积体系是成因上密切相关的沉积相的组合（Davis，1983），如三角洲、河口湾、潮坪、海滩等沉积体系。沉积体系是从三维空间来认识沉积环境及其产物的，因此需要通过大量编图的方法来认识沉积相的三维组合。

沉积体系分析是在沉积相分析的基础上，再通过沉积相剖面的横向对比和古地理图的编制来逐步建立起三维的沉积相空间配置，形成对沉积体系的立体结构的认识。

一、沉积相剖面分析

相的分析不能只局限于点的分析，要从二维、三维来分析，因此做了点的相分析之后，紧接着要开展剖面的相分析。对于海相来说，沉积体可能延伸很远，因此要从区域上进行远距离对比，编制沉积剖面（图 8-1）。对于现代沉积来说，相分析则是通过走航式沉积物的调查来实现的。

在岩相对比过程中，注意岩性的穿时现象。对于吉尔伯特型三角洲来说，顶积层、前积层和底积层是岩性分层，并不是等时的地层，等时界面与 3 个层是斜交的（图 8-2）。在井下对比时，不能只简单进行岩性对比，而是要从沉积相的空间配置进行岩性对比（图 8-3）。

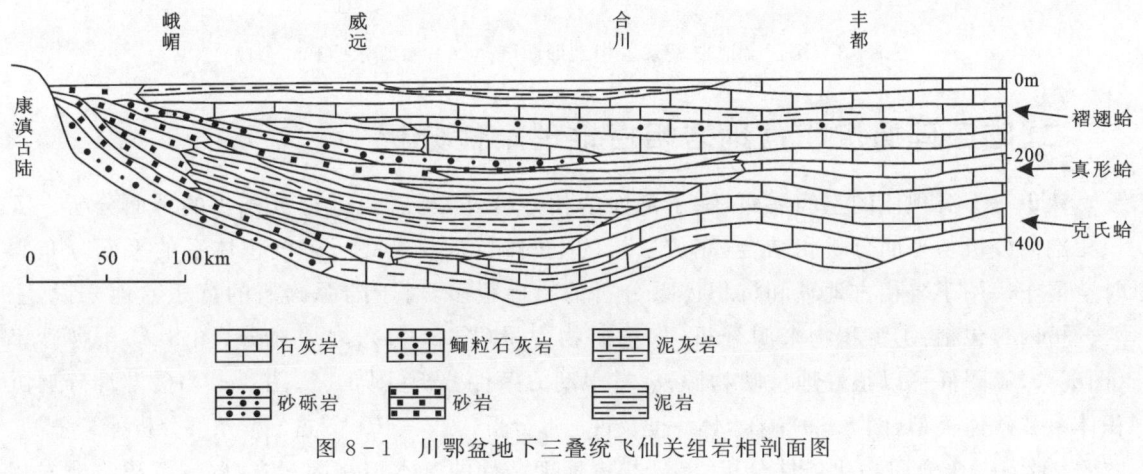

图 8-1 川鄂盆地下三叠统飞仙关组岩相剖面图
（据赵澄林和吴崇筠，1987）

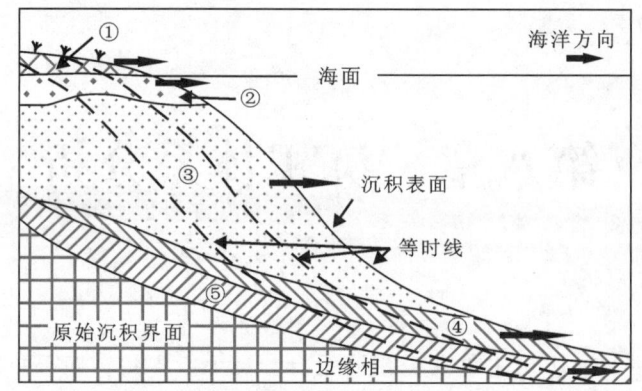

图 8-2 三角洲沉积分带垂向剖面示意图(据 Scruton,1960 修改)
①上三角洲平原带;②下三角洲平原带;③三角洲前缘带;④前三角洲带;⑤海底陆棚沉积

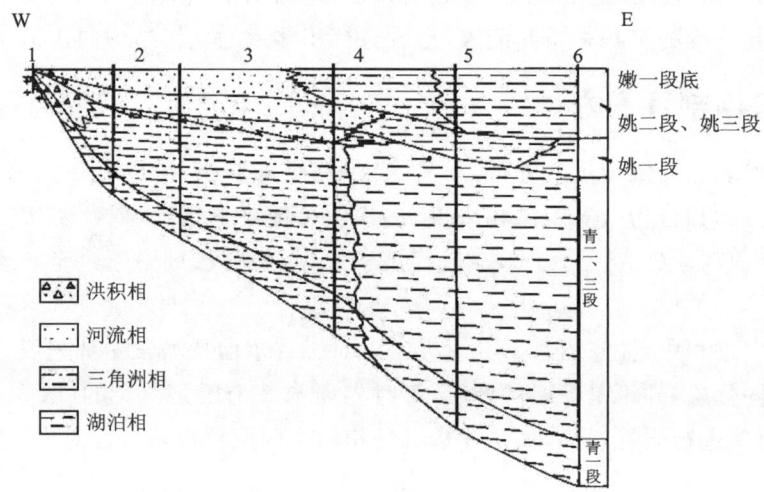

图 8-3 松辽盆地白垩系岩相剖面图(据赵澄林和吴崇筠,1987 修改)

二、陆源碎屑沉积盆地岩相古地理条件分析

认识一个沉积体的空间展布,除了剖面的相分析外,还需要进行沉积相的平面分析。沉积相剖面分析与平面分析相结合,完成三维的空间配置,并最终了解沉积体系的平面分布和时空展布。用于岩相古地理和沉积体系分析的指标很多,对于陆源碎屑的沉积盆地来说,主要分析内容包括:①沉积物来源分析,如重矿物含量(图8-4)、岩屑成分(图8-5)、含砂率(图8-6)等图件可以很好地反映物源;②古水动力条件分析(图8-7、图8-8);③陆源碎屑沉积体系和砂体类型(图8-9);④水体深度及古地形分析(图8-10);⑤古气候条件分析(图8-11、图8-12);⑥水介质物化条件分析;⑦岩相古地理条件的基本控制因素;⑧碎屑沉积盆地岩相古地理图的编制(图8-13)。

第八章 沉积体系分析

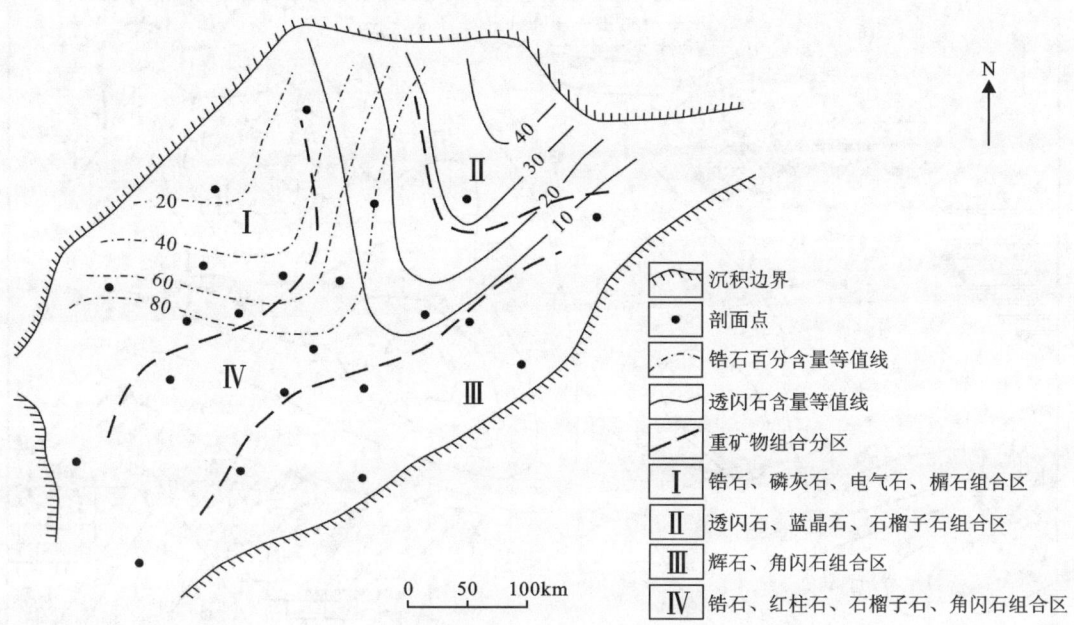

图8-4 四川盆地某层重矿物含量及组合图(据姜在兴,2010)

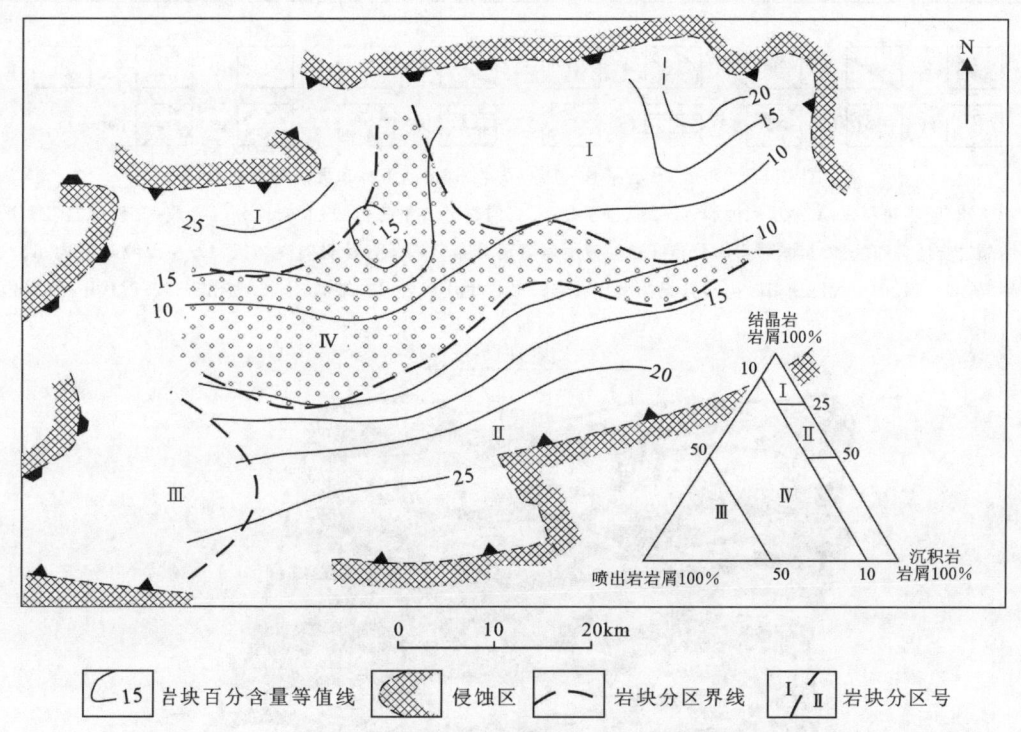

图8-5 东营凹陷某段岩块分区图(据赵澄林和吴崇筠,1987修改)
Ⅰ.结晶岩；Ⅱ.沉积岩；Ⅲ.喷出岩；Ⅳ.各种岩块混合区

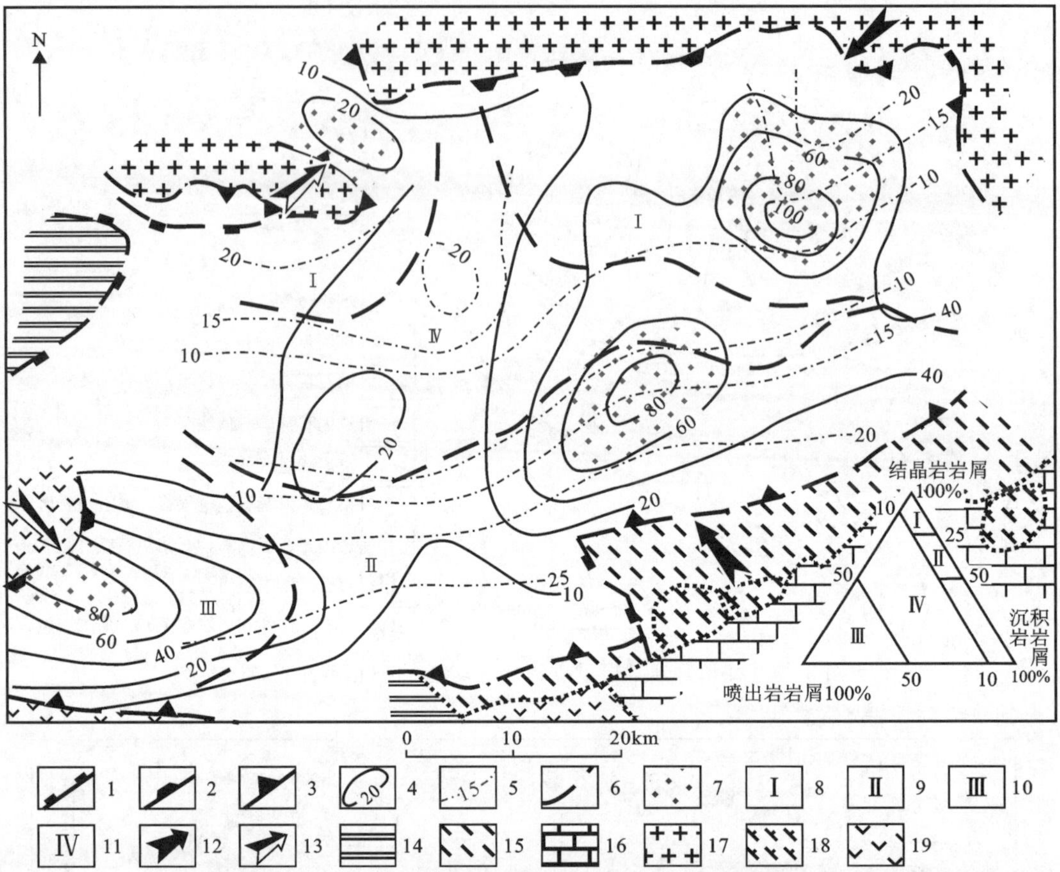

图 8-6　东营凹陷某段物源综合图(据赵澄林和吴崇筠,1987)

1.断层;2.地层超覆线;3.地层剥蚀线;4.砂岩等厚线;5.岩屑百分含量等值线;6.岩块分区界线;7.砂砾岩富集区;8.结晶岩岩屑分布区;9.沉积岩岩屑分布区;10.喷出岩岩屑分布区;11.各种岩屑混合区;12.主要物源方向;13.次要物源方向;14.中生代红层;15.前震旦纪花岗片麻岩;16.古生代灰岩;17.结晶岩;18.喷出岩;19.时代不明喷出岩

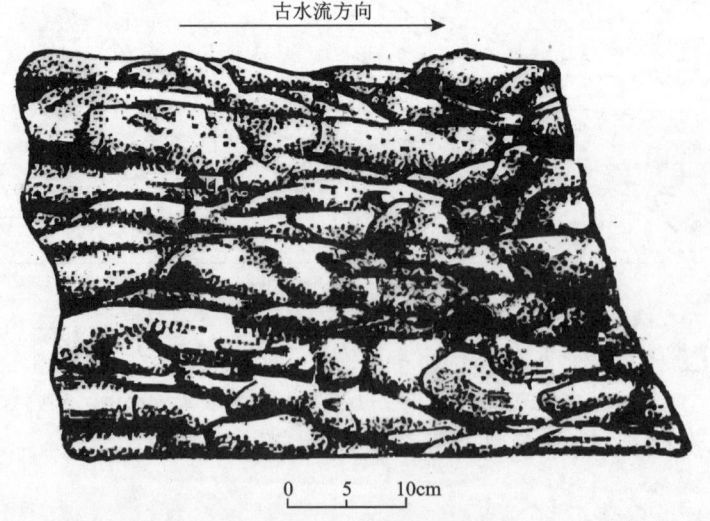

图 8-7　槽状印模与古水流方向(据何起祥,1978)

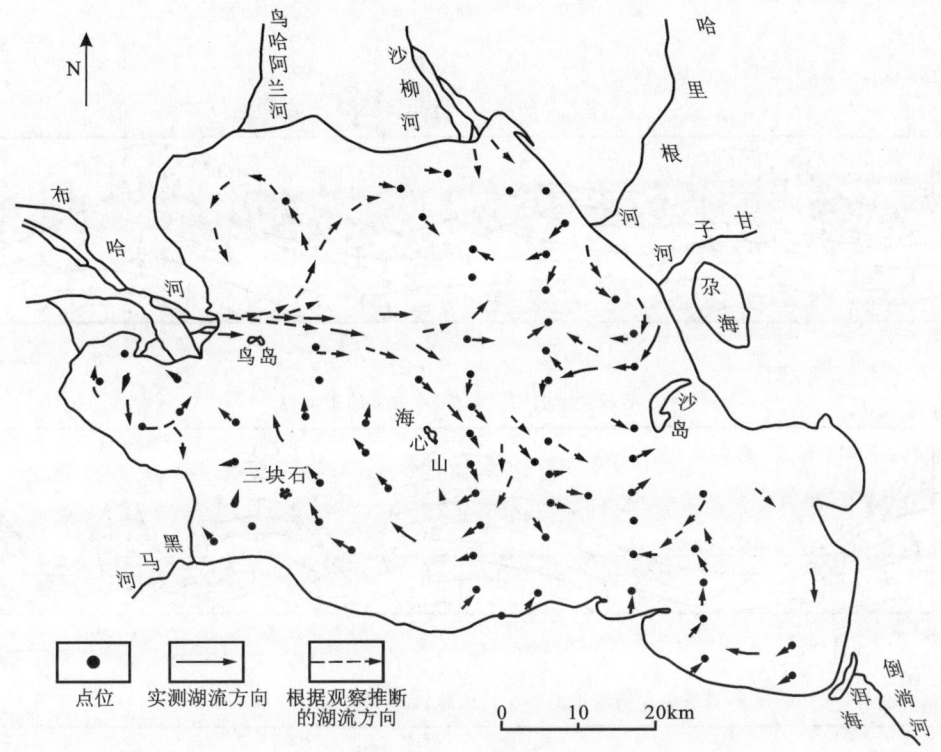

图 8-8 青海湖湖流图(据赵澄林和吴崇筠,1987)

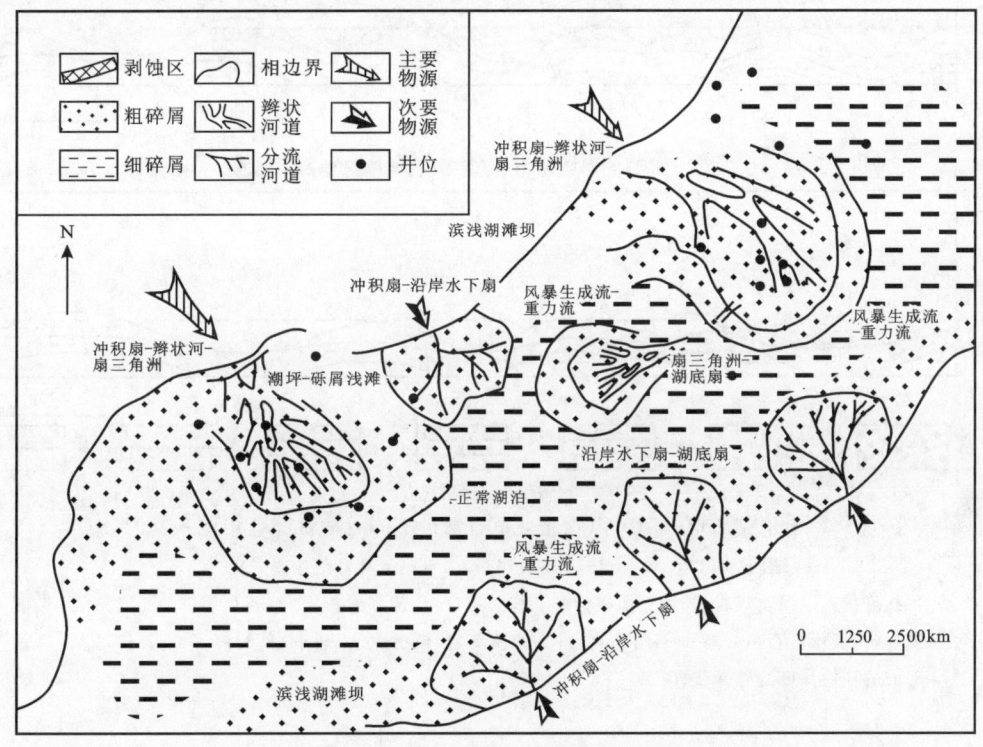

图 8-9 内蒙二连盆地阿南凹陷下白垩统某油组沉积体系图(据赵澄林和刘孟慧,1991)

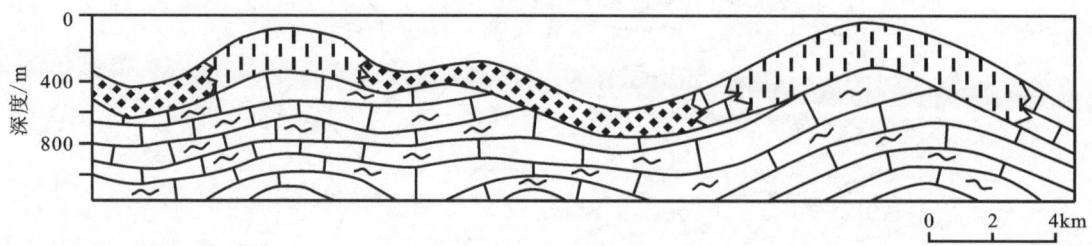

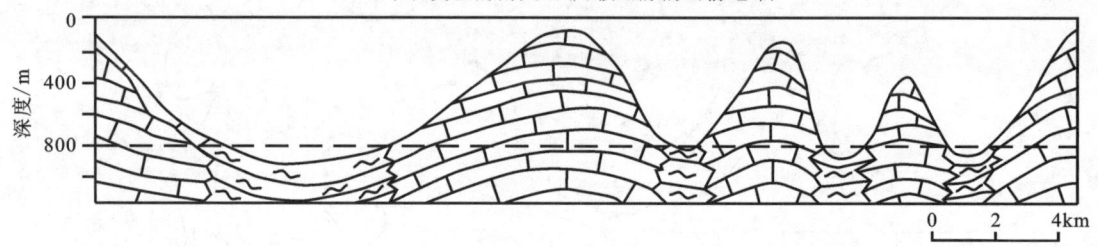

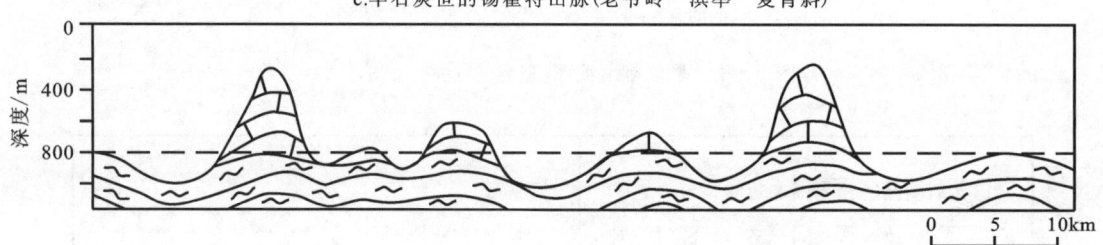

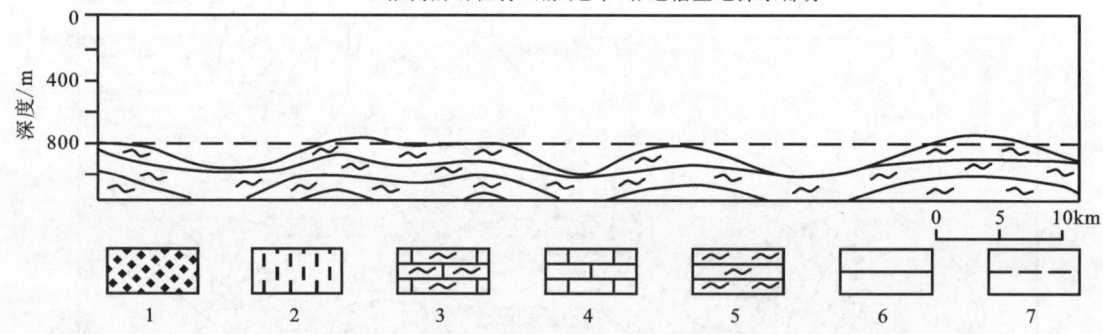

图 8-10　土尔克斯坦—阿赖山脉北坡早石炭世不同时期古海盆中沉积物的分布

（据 Б. В. Поярков，1977 年资料；转引自赵澄林和吴崇筠，1987）

1. 扎普雷克层泥质灰岩；2. 阿克切塔什维上部的海百合-苔藓虫灰岩；3. 阿克切塔什组含燧石灰岩（～表示燧石）；4. 各种不同的灰岩；5. 硅质页岩、放射虫岩、碧玉岩；6. 海平面；7. 碳酸盐形成的补偿深度的等深线（CCD）

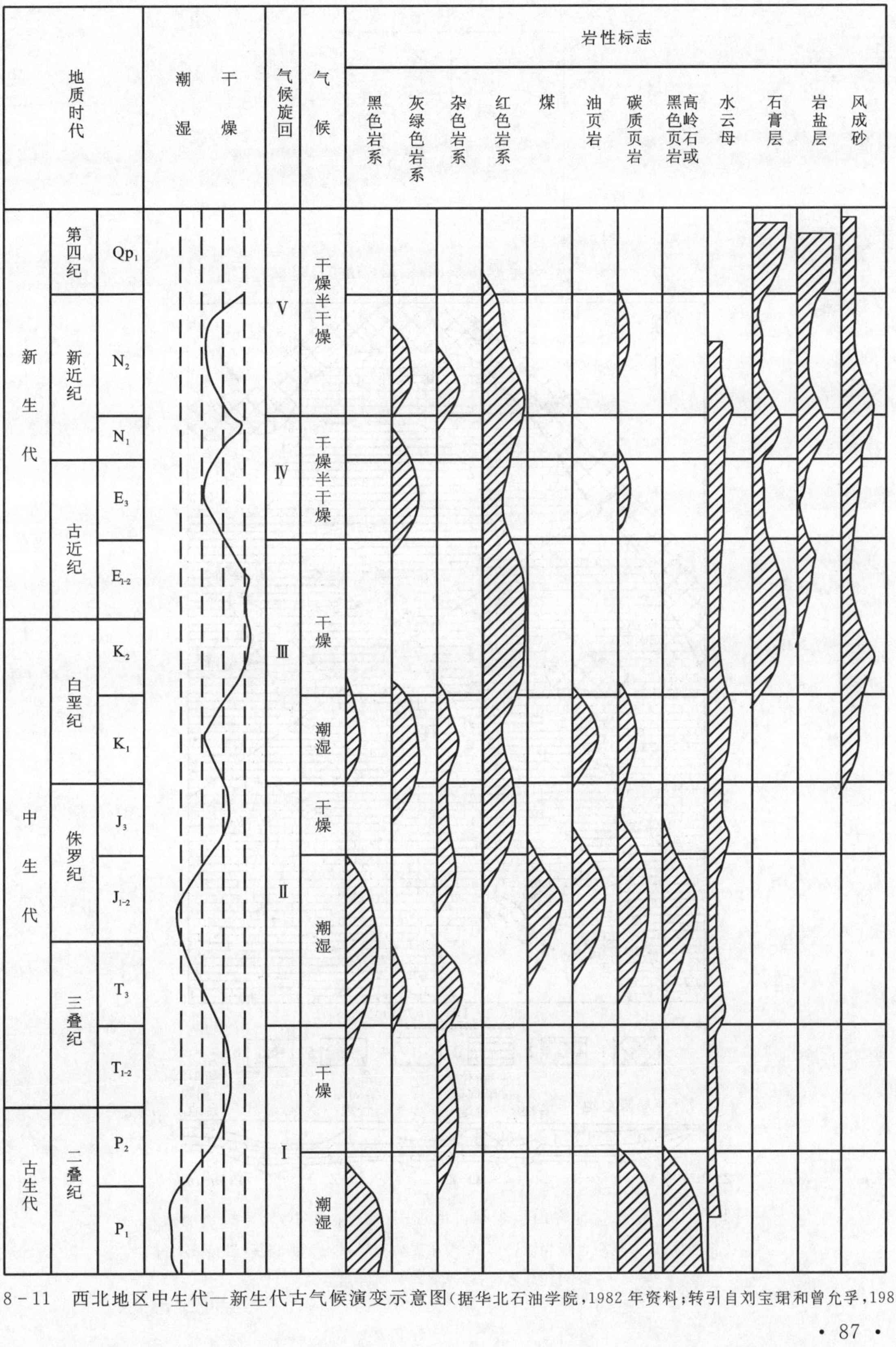

图 8-11　西北地区中生代—新生代古气候演变示意图（据华北石油学院，1982年资料；转引自刘宝珺和曾允孚，1985）

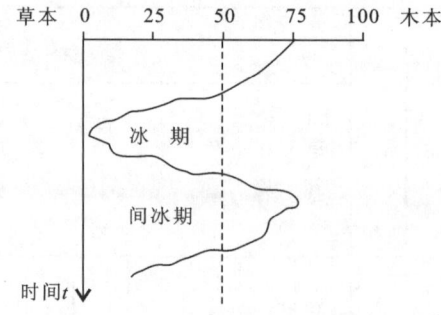

图 8-12 草原指数曲线(据许靖华,1979)

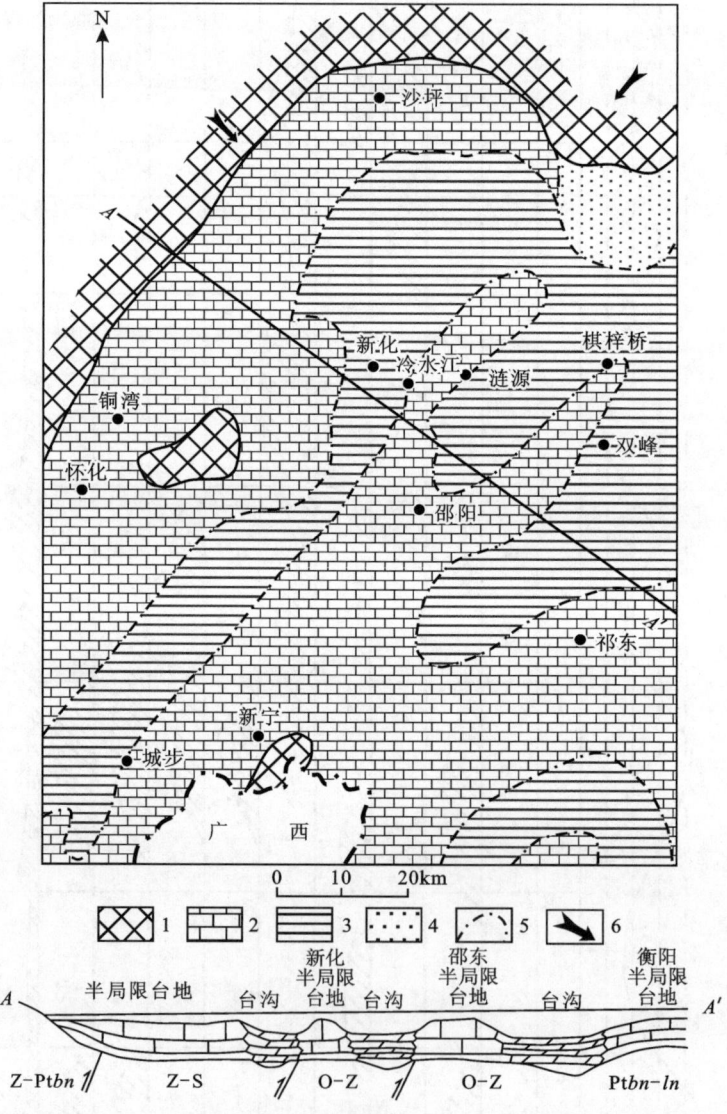

图 8-13 松辽盆地青山组岩相古地理图(据刘宝珺和曾允孚,1985 修改)
1.剥蚀区；2.半局限台地相灰岩；3.台沟相泥质灰岩；4.三角洲相砂岩、粉砂岩；
5.岩相分界线；6.碎屑岩岩屑补给方向

实习十二 沉积体系分析

一、实习目的和要求

(1) 了解常规测井、地震的方法在沉积体系分析中的应用。
(2) 认识沉积相的测井和地震响应。
(3) 综合利用测井曲线和地震剖面判别沉积相。
(4) 综合地层厚度图、含砂率图以及测井和地震等信息恢复古环境面貌。
(5) 编制沉积环境图。

二、实习内容和步骤

(1) 了解特定沉积体系或成因相的测井曲线和地震响应。以下给出了河流、三角洲沉积体系的测井曲线(图8-14、图8-15)。了解其特征,包括幅度、形态、顶底接触关系、平滑程度、幅度组合包线类型、形态组合方式等。

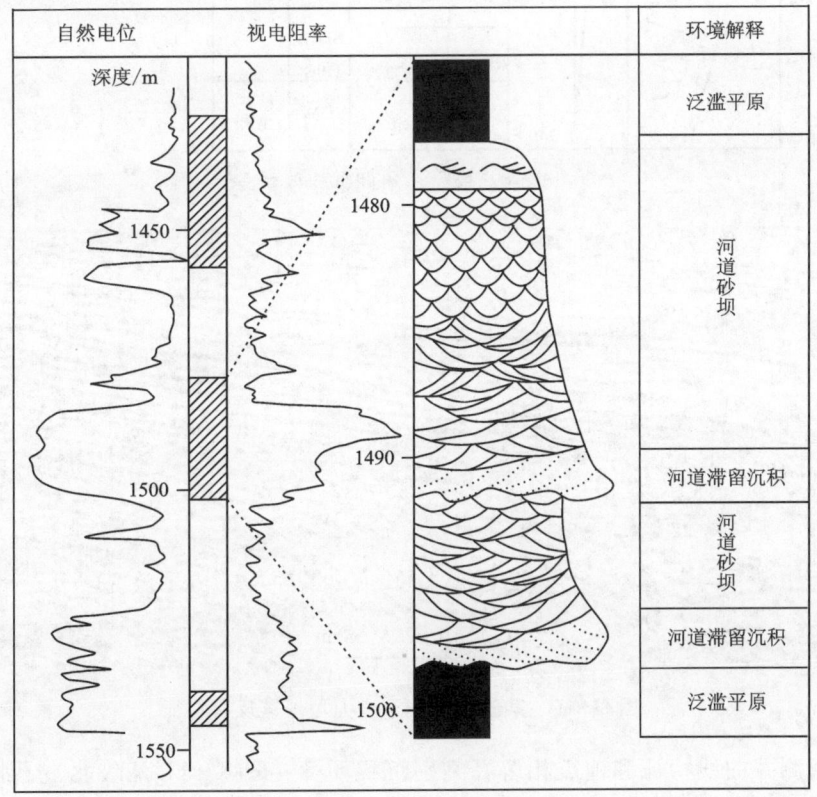

图8-14 黄骅坳陷港225井馆二段河流沉积体系剖面

以下是某三角洲和水道充填地震反射特征(图8-16)。

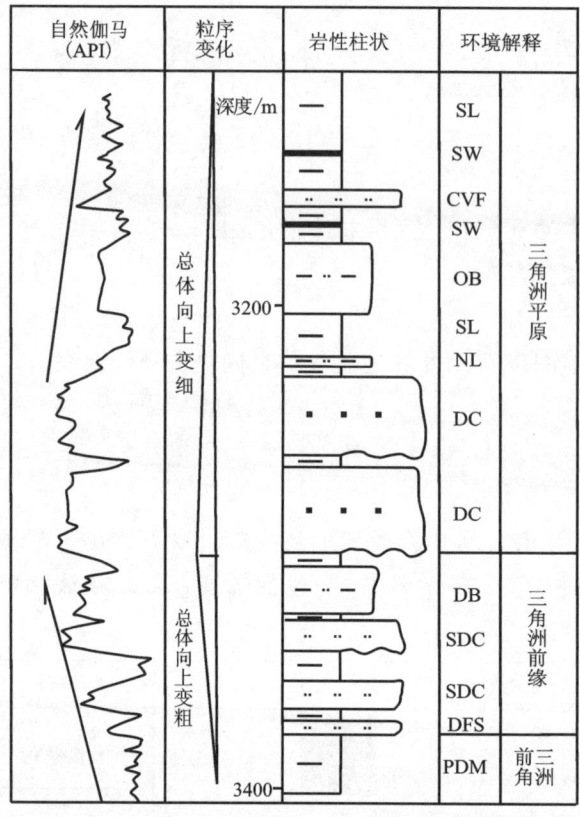

图 8-15 三角洲沉积体系

DC.分流河道；
NL.天然堤；
SL.泛滥平原小型湖；
CVF.决口充填；
OB.越岸沉积；
SW.沼泽；
SDC.水下分流河道；
DB.分流河口坝；
DFS.前缘席状砂；
PDM.前三角洲泥

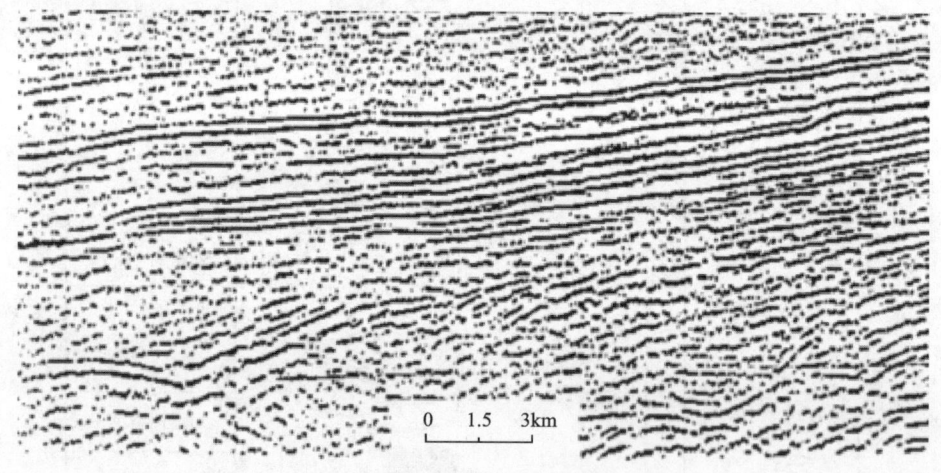

图 8-16 某三角洲和水道充填地震反射特征

(2) 利用测井曲线特征和地震相解释判别沉积环境。图 8-17 是陕北富县探区三叠系延长组三段个别井的测井曲线，根据曲线特征判别沉积相和亚相。根据图 8-18 中延长组三段的地震相特征解释沉积体系类型。

(3) 编制地层厚度图和含砂率图。根据表 8-1 中的数据，在图 8-19 中完成富县探区延长组三段含砂率图。

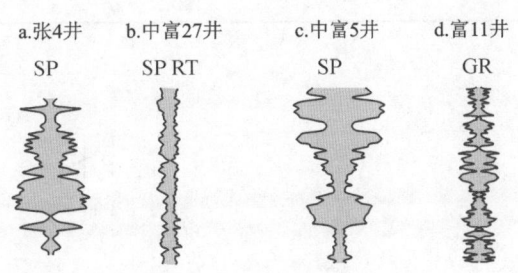

图 8-17 陕北富县探区三叠系延长组测井曲线

SP.自然电位曲线
RT.电阻率曲线
GR.自然伽马曲线

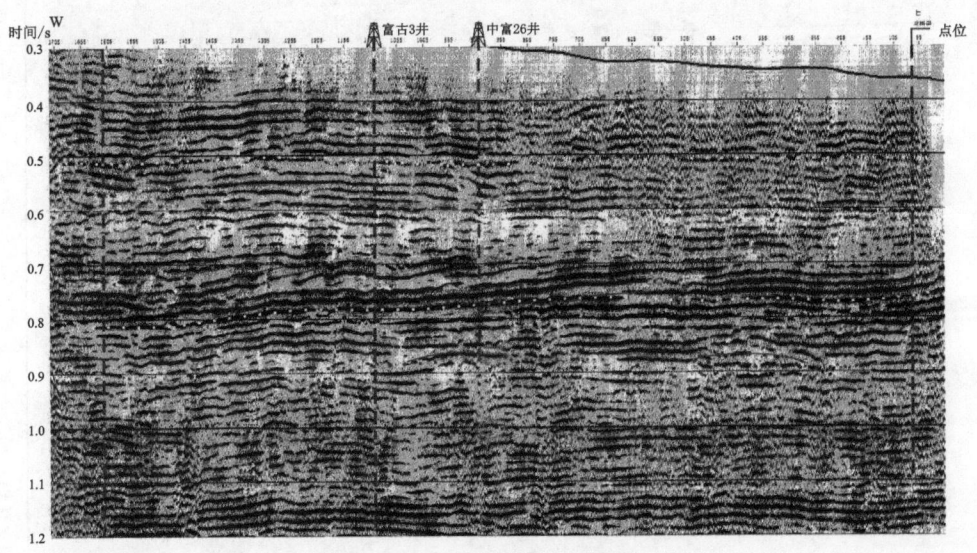

图 8-18 富县探区地震剖面

表 8-1 富县探区含砂率统计表 单位:%

井号	含砂率	井号	含砂率	井号	含砂率	井号	含砂率
富2井	33.2	中富5井	39.4	中富22井	44.4	富古1井	25.2
富3井	44.0	中富6井	53.7	中富24井	56.9	富古2井	24.0
富5井	50.0	中富7井	46.6	中富26井	38.6	富古3井	37.7
富11井	18.3	中富8井	31.3	中富27井	29.5	富古4井	29.4
富30	60.1	中富9井	52.9	中富28井	11.4	富古5井	33.3
中富1井	25.6	中富10井	45.5	中富29井	31.1	张3井	50.1
中富2井	57.8	中富11井	64.7	泉2	20.3	张4井	31.7
中富3井	52.1	中富12井	56.8	红3井	63.0		
中富4井	36.7	中富21井	54.1	红4井	42.0		

(4)结合完成的含砂率图以及测井和地震等信息,综合分析古环境面貌,并以图 8-19 为底图编制沉积环境图。

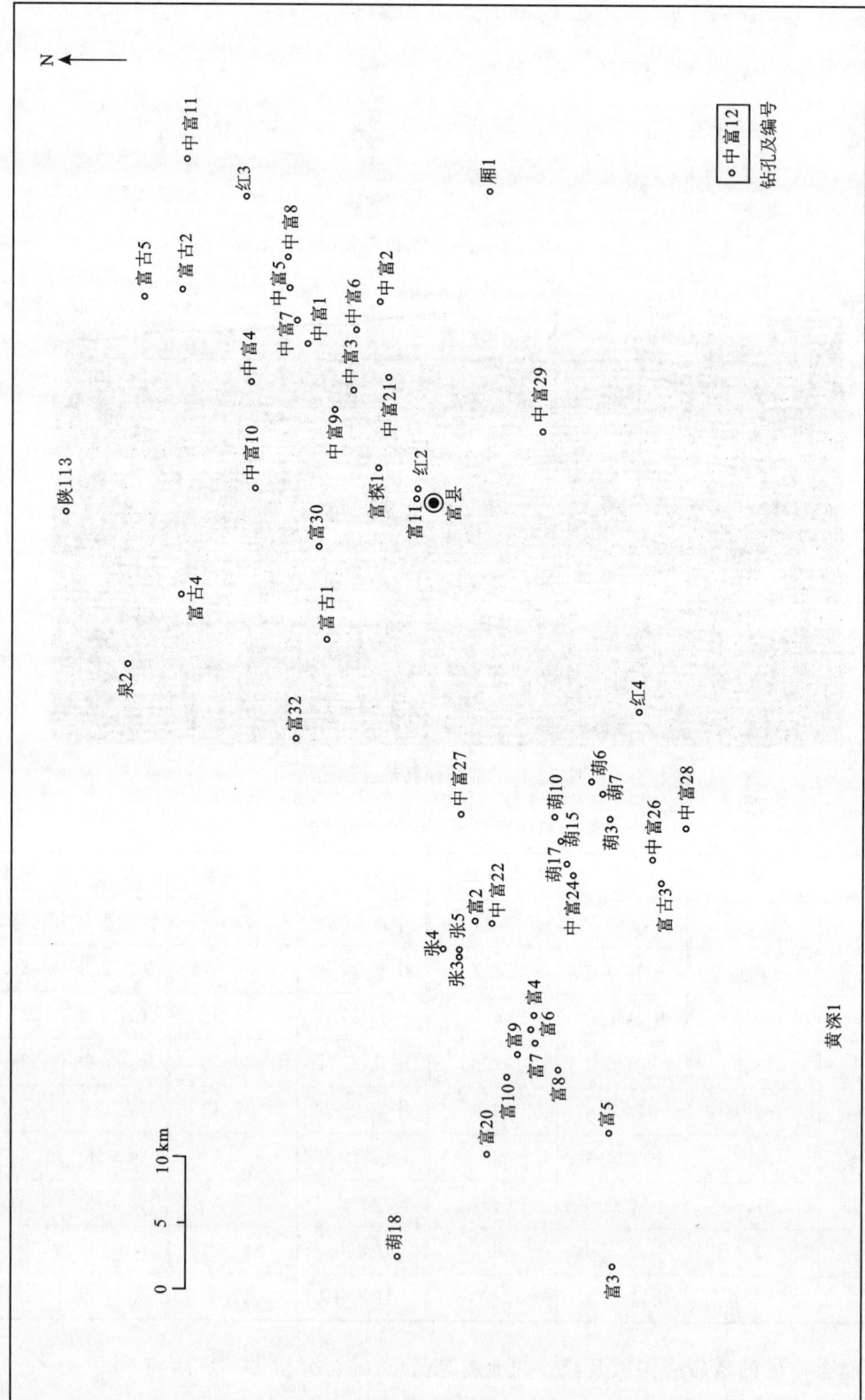

图 8-19 富县探区钻孔位置图

参考文献

陈荣坤,1994. 稳定氧碳同位素在碳酸盐岩成岩环境研究中的应用[J]. 沉积学报,12(4):11-21.

陈钟惠,武法东,张守良,等,1993. 华北晚古生代含煤岩系的沉积环境和聚煤规律[M]. 武汉:中国地质大学出版社.

何起祥,1978. 沉积岩和沉积矿床[M]. 北京:地质出版社.

姜在兴,2010. 沉积学[M]. 2版. 北京:石油工业出版社.

赖内克,辛格,1979. 陆源碎屑沉积环境[M]. 陈昌明,李继亮,译. 北京:石油工业出版社.

李思田,黄家福,杨士恭,等,1982. 霍林河煤盆地晚中生代沉积构造史和聚煤特征[J]. 地质学报(3):244-254.

刘宝珺,曾允孚,1985. 岩相古地理基础和工作方法[M]. 北京:地质出版社.

孙永传,李蕙生,1986. 碎屑岩沉积相和沉积环境[M]. 北京:地质出版社.

汪品先,闵秋宝,卞云华,等,1980. 我国若干河口的有孔虫、介形虫埋葬群特征及其地质意义[M]//汪品先. 海洋微体古生物论文集. 北京:海洋出版社:101-111.

吴崇筠,1980. 判断沉积相的古生物标志[M]. 北京:石油工业出版社.

许靖华,1979. 许靖华教授在广州讲课和谈话记录[R]. 广州:地质部南海地质调查指挥部.

曾允孚,夏文杰,1986. 沉积岩石学[M]. 北京:地质出版社.

张国栋,王益友,朱静昌,等,1984. 苏北弶港现代潮坪沉积[J]. 沉积学报,2(2):39-51,130-131.

赵澄林,吴崇筠,1987. 油区岩相古地理[M]. 北京:石油工业出版社.

赵澄林,刘孟慧,1991. 内蒙阿南凹陷中生代储层沉积特征和地质模式[J]. 石油大学学报(自然科学版),15(2):10-19.

郑浚茂,王德发,孙永传,1980. 黄骅拗陷几种砂体的粒度分布特征及其水动力条件的初步分析[J]. 石油实验地质(2):9-20,61.

郑浚茂,1982. 陆源碎屑沉积环境的粒度标志[R]. 武汉:武汉地质学院北京研究生部.

ALLEN P A, ALLEN J R, 2013. Basin analysis: principles and application to petroleum play assessment[M]. 3rd ed. Chichester: John Wiley & Sons, Ltd.

DAVIS R A J, 1983. Depositional systems, a genetic approach to sedimentary geology[M]. Englewood Cliffs, New Jersy: Prentice Hall.

FISHER W L, MCGOWEN J H, 1967. Depositional systems in the Wilcox Group of

Texas and their relationship to occurrence of oil and gas[J]. Gulf Coast Association of Geological Societies Transactions, 17: 105 – 125.

FOLK R L, WARD W C, 1957. Brazos River bar: a study in the significance of grain - size parameters[J]. Journal of Sedimentary Petrology, 27 (1): 3 – 26.

HECKEL P H, 1972. Recognition of ancient shallow marine environments[C]//RIGBY J K, HAMBLIN W K. Recognition of ancient sedimentary environments. Society of Economic Paleontologists and Mineralogists Special Publication. Mclean: SEPM, 226 – 296.

KORTE C, KOZUR H W, BRUCKSCHEN P, et al., 2003. Strontium isotope evolution of Late Permian and Triassic seawater [J]. Geochimica et Cosmochimica Acta, 67(1): 47 – 62.

MCARTHUR J M, HOWARTH R J, BAILEY T R, 2001. Strontium isotope stratigraphy: LOWESS Version 3: best fit to the marine Sr – isotope curve for 0 – 509 Ma and accompanying look – up table for deriving numerical age [J]. The Journal of Geology, 109(2): 155 – 170.

MIDDLETON G V, HAMPTON M A, 1976. Subaqueous sediment transport and deposition by sediment gravity flows[M]//STANLEY D J, SWIFT D J P. Marine sediment transport and environmental management. New York: Wiley: 197 – 218.

NILSSON H C, ROSENBERG R, 2003. Effects on marine sedimentary habitats of experimental trawling analysed by sediment profile imagery[J]. Journal of Experimental Marine Biology and Ecology(285/286): 453 – 463.

PASSEGA R, 1957. Texture as characteristic of Clastic deposition[J]. AAPG Bulletin, 41(9): 1952 – 1984.

PETTIJOHN F J, 1975. Sedimentary rocks[M]. 3rd ed. New York: Harper and Row.

POTTER P E, PETTIJOHN F J, 1977. Paleocurrents and basin analysis[M]. 2nd corrected and updated edition. Berlin: Springer – Verlag.

SCRUTON P C, 1960. Delta building and the deltaic sequence[M]//SHEPARD F P, PHLEGER F B, VAN ANDEL T H. Recent sediments, northwest Gulf of Mexico. Tulsa: AAPG: 82 – 102.

SEILACHER A, 1967. Bathymetry of trace fossils[J]. Marine Geology(5): 413 – 428.

SELLY R C, 1982. An introduction to sedimentology[M]. 2nd ed. London: Academic Press.

SIMONS D B, RICHARDSON E V, NORDIN C F J, 1965. Bedload equation for ripples and dunes[R]. [s. n.]: Geological Survey Professional Papers.

TADA R, MURRAY R W, ALVAREZ Z C A, et al., 2015. Proceedings of the Integrated Ocean Drilling Program, Volume 346. MS 346 – 101. Tokyo: IODP [M]. Washington: United States Government Printing Office.

VISHER G S, 1969. Grain size distributions and depositional processes[J]. Journal of Sedimentary Research, 39(3): 1074 – 1106.

ZINKERNAGEL U, 1978. Cathodoluminescence of quartz and its application to sandstone petrology[J]. Contributions to Sedimentary Geology, 8: 69.

附 录

附录一 Φ值粒级划分表

粒级	颗粒大小/mm	Φ值	粒级	颗粒大小/mm	Φ值
砾	32	−5	砂	0.125	3
	16	−4	粉砂	0.062 5	4
	8	−3		0.031 3	5
	4	−2		0.015 7	6
	2	−1		0.007 8	7
砂	1	0	泥	0.003 9	8
	0.5	1		0.002 0	9
	0.25	2		0.001 0	10

附录二 样品筛析记录表

_____样品的筛析记录表(原质量_____g)

粒径/mm	粒径Φ值	质量/g	质量百分比/%	质量累积百分比/%
>2.0	<-1			
2.0~1.0	-1~0			
1.0~0.5	0~1			
0.5~0.25	1~2			
0.25~0.125	2~3			
0.125~0.0625	3~4			
<0.0625	<4			

附录三 岩心描述记录格式

_____井钻井岩心描述记录

单位:_____ 描述人:_____ 长度:_____ 比例尺:_____

深度/m	箱号	取岩心回次	岩心编号	取样位置	照相位置	相序	颗粒粒径/mm	岩性	沉积构造	层厚	化石	生物扰动	孔隙	含油性	颜色	沉积环境	文字描述	其他

绘制宽度(单位:cm)

1.0 0.5 0.5 0.5 0.5 0.5 1.0 2.0 2.0 2.0 1.0 1.0 1.0 1.0 1.0 1.0 2.0 4.0 1.0

附录四 单井相分析图样式

_____井单井相分析图

比例尺 1∶100

编图日期： 编图人：
编图单位： 审核人：

地层系统			深度/m	岩性剖面	沉积构造	测井曲线		沉积旋回	沉积环境			层序划分	
系	统	组				GR	RT		体系	相组合	相	层序	体系域

绘制宽度(单位:cm)

1.0　1.0　1.0　　1.0　　　3.0　　　3.0　　　3.0　　　　2.0　　　1.0　　1.0　　　1.0　　1.0　1.0

图　例

□　□　□　□　□　□

附录五　沉积学常用图例

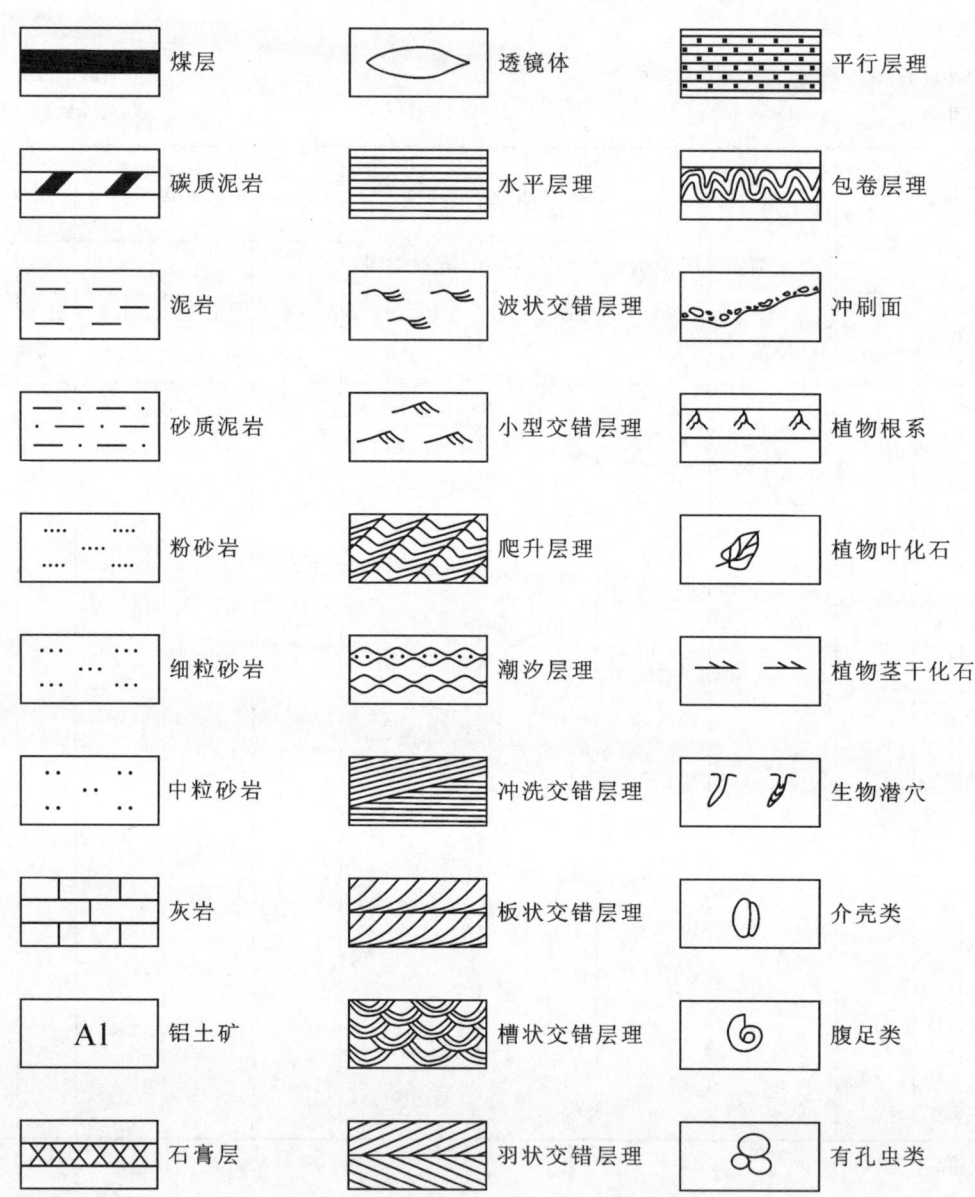